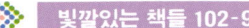

안압지

글/고경희 ● 사진/한석홍

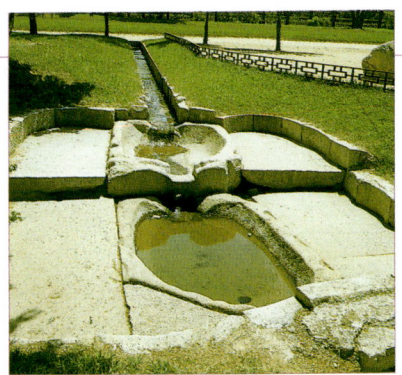

대원사

고경희 ────────
이화여자대학교 문리대 사학과를 졸
업했으며 안압지 발굴 당시 조사원
으로 일했다. 국립중앙박물관 학예
연구관을 거쳐 현재 국립경주박물관
학예연구실장으로 일하고 있다.

한석홍 ────────
중앙대학교 예술대학 사진과를 졸
업했다. 1976년 '한국미술5천년전'
의 일본 전시 도록을 촬영했고 「국
립중앙박물관」을 비롯한 고미술 관
련 사진을 촬영했다. 현재 한석홍
사진연구소를 운영하고 있다.

도움 주신 분 ────────
진홍섭(전 이화여자대학교 사학과
교수)
김정기(전 문화재연구소장)
이난영(전 국립경주박물관장)
이강승(전 국립경주박물관 학예연
구실장)

안압지

역사적 배경	6
내력	13
노출된 유구	21
연못	21
섬	30
입수구	34
출수구	37
연못에 접한 건물터	41
서쪽 건물터	47
남쪽 건물터	51
출토 유물	56
금속공예품	57
불상	70
목제품	76
칠공예품	82
토도제품	88
철제품	102
와전류	110
골각제품	120
유리제품	125
기타	127
맺음말	128
참고 문헌	129

안압지

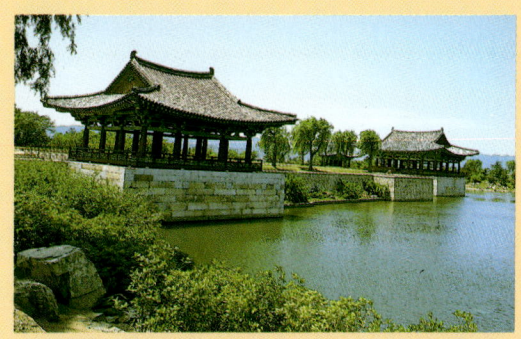

역사적 배경

　안압지는 삼국을 통일한 신라 제30대 문무왕이 674년에 신라 왕궁 안에 만들어 놓은 궁원지(宮苑池)이고, 사적 제18호로 지정된 임해전터(臨海殿址)는 문무왕 19년(679)에 안압지 바로 서편에 세운 동궁(東宮)의 정전(正殿) 자리를 말한다.

　궁원지와 동궁 창건 앞뒤의 국내외 사정을 보면, 신라는 백제와 고구려의 침입을 받아 제28대 진덕여왕(眞德女王) 2년(648)에 김춘추가 당(唐) 태종(太宗)에게 구원을 요청한 일이 있고, 당나라도 당시에 고구려와의 전면전(全面戰)에서 완패하자 그 배후 세력으로 친당 세력이 필요하여 서로의 이익을 위하여 양국이 나당동맹(羅唐同盟)을 갖게 되었다.

　한편 그 동안 신라와의 싸움에서 계속 이겨 지배층이 향락에 도취되어 있던 백제는 당의 소정방과 신라의 김유신 장군이 이끄는 연합군에게 계백 장군이 이끄는 마지막 결사대가 패함으로써 의자왕 20년(660) 7월 18일, 역사의 무대에서 사라지게 되었다.

　멸망 후 백제 지역에서는 왕족인 복신(福信)과 승(僧) 도침(道琛)이 주류성(周留城;지금의 한산)에서, 흑치상지(黑齒常之)는 임존

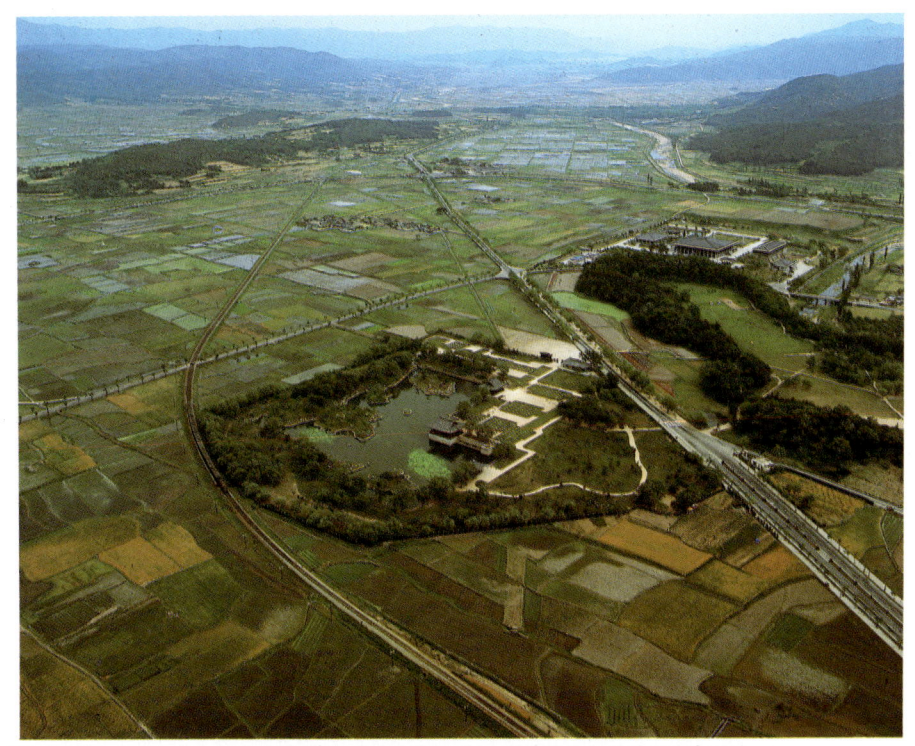

안압지 전경 1974년의 준설 작업 때 신라시대 유물이 못 안에서 출토되자 2년에 걸쳐서 연못 안과 주변 건물터를 발굴하였다. 복원 정화된 안압지와 주변 경관이다.

성(任存城;지금의 내흥)에서 부흥 운동을 하였으나, 지도층 내부의 갈등과 당나라 군대의 주둔, 신라 세력의 확장 등으로 실패했다.

　당과 신라는 백제를 멸망시킨 직후인 문무왕 1년(661)부터 고구려 정벌을 시작하였다. 그러나 고구려의 끈질긴 대항으로 계속 고전(苦戰)을 했으나, 연개소문(淵蓋蘇文)이 죽고 그 아들 사이에 권력을 둘러싼 내분이 일어나 국력이 약해진 틈을 타서 668년 9월 마지막 보루였던 평양성을 함락함으로써 고구려를 합병하였다.

고구려 지역에서도 검모잠(劍牟岑)이 왕족 안승(安勝)을 추대하여 왕으로 삼고 한성(漢城;지금의 재령)을 근거지로 한 부흥 운동이 있었으나 실패하고 안승 등은 신라로 투항하였다.

한편 신라는 백제와 고구려를 당나라의 도움으로 병합하였지만 당나라는 한반도를 지배하려는 속셈을 드러내기 시작했다. 백제를 멸망시킨 후 그곳에 웅진도독부를 설치하여 당나라 장수 유인원(劉仁願)과 1만의 군대를 사비성에 머물게 했고, 문무왕 3년(663)에는 신라에 계림대도독부를 두고 신라왕을 계림주대도독(鷄林州大都督)에 임명하였고, 문무왕 4년에는 부여융(扶餘隆)을 웅진도독에 임명하여 신라를 견제하였다. 문무왕 5년 8월에는 신라왕과 웅진도독 부여융을 웅진 취리산(지금 금강 북안의 취미산)에서 삽혈(歃血)의 동맹 의식을 갖게 하여 신라의 백제 지역에 대한 욕망을 억제시키고자 하였으며, 문무왕 8년에는 고구려를 멸망시키고 그곳에 9도독부를 두고 평양에는 안동도호부를 설치하였다.

이상과 같은 당나라의 움직임에 대하여 신라에서도 그 속셈을 알아차리고 이에 대항하기 시작했다. 고구려를 멸망시킨 직후부터는 백제의 고토(故土)를 지키는 한편, 고구려의 부흥 운동을 도와 안승과 고구려 유민의 귀순을 받아 금마저(지금의 익산)에 살게 하고 고구려왕에 봉하였다. 문무왕 11년(671)에는 백제의 사비(지금의 부여)에 소부리주(所夫里州)를 설치하고 아찬(阿湌) 벼슬의 진왕(眞王)을 도독으로 삼았고, 안압지를 조성하기 바로 1년 전인 문무왕 13년에는 백제에서 온 사람들에게 내외의 관직을 주었다.

이 때 당은 말갈과 글안병을 이끌고 신라 북변을 9차례 침입하였으나 실패하고 서해에서도 20차례의 해전(海戰)이 있었지만 여전히 패하였다. 수차례 침입의 실패와 신라의 끈질긴 대항으로 드디어 문무왕 16년(676) 당나라는 평양에 두었던 안동도호부를 지금의 무순(撫順) 부근인 신성(新城)으로 옮김으로써 나당간의 무력적

충돌도 막을 내리게 되었으며, 실질적인 신라의 한반도 통일이 이루어지게 되었다.

이와 같이 신라는 삼국을 통일하기 위해 15년 이상 전쟁을 계속 치렀으며 이 어려웠던 통일의 과정을 문무대왕 자신이 모두 체험한 것이다. 그리고 신라인들도 전쟁을 통하여 백제나 고구려의 궁, 당나라의 궁성 등을 많이 보게 되었고 그 문화도 엿보게 되었다.

이러한 문화 교류 속에서 특히 당나라의 대명궁(大明宮)과 백제의 궁남지(宮南池)는 안압지와 동궁을 만들 때 참고가 되었으리라 추정된다.

10쪽 그림
11쪽 사진

대명궁은 당나라의 300년 치세 동안의 수도였던 장안성(長安城) 안의 궁정(宮庭)에 연속된 건물로, 규모는 남북 2.6킬로미터, 동서 1.5킬로미터에 달하며 태종 8년(634)에 만들었다. 궁궐의 기본 설계는 주위를 담장으로 둘러싸고 중앙축이 남북 방향으로 형성되었으며 안에는 뜰이 있다. 방형(方形)의 구조이며 중심 건물은 남향에 두고 부속 건물은 동향과 서향에 배치하였다. 이 정원 안에 태액지(太液池)가 있다. 이 못은 자연 감각에 일치되는 양식을 보이고 있으며 못 속에는 삼선도(三仙島)를 한 개의 섬으로 표현하고 못가에는 태액정(太液亭)이라는 정자를 세웠다. 못 속에 신선이 산다는 삼선도를 만든 처음은 진시황(秦始皇) 때의 난지궁의 연못이며, 이 때는 섬의 이름을 봉래산(蓬萊山)이라 불렀다.

그 후 한초(漢初, 기원전 206~서기 8년)에는 도가(道家) 사상이 유행하여 인간을 자연의 일부로 보고 장생(長生)을 구하는 것이 주요한 관심사가 되어 제왕은 궁 안에 못을 파고, 동해의 신선이 산다는 영주(瀛州), 봉래(蓬萊), 방장(方丈)의 세 섬을 만들고 불로장생을 구하였다. 이러한 연못 조성의 조경 양식이 그대로 당나라에 이어졌던 것이다.

백제는 삼국 가운데 가장 조경술(造景術)이 발달하였다. 「삼국사

당의 장안성 대명궁터 평면도

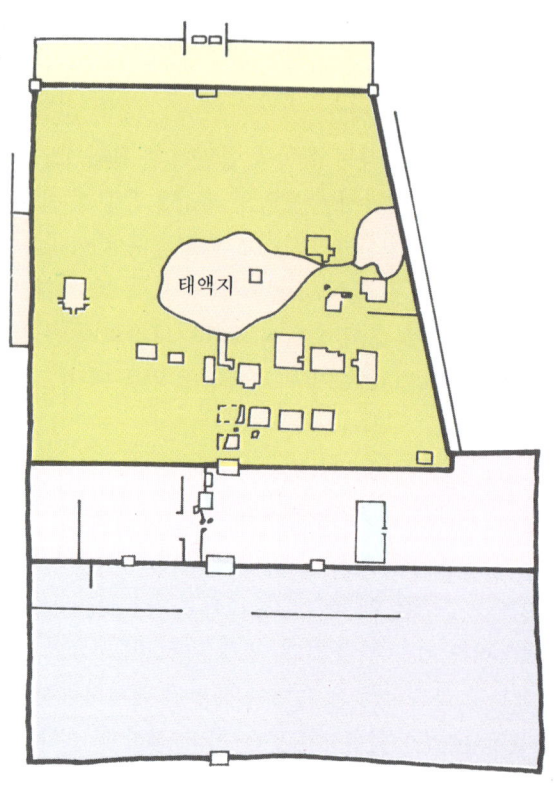

태액지

기」에 의하면 진사왕(辰斯王) 7년(391) 1월에 궁궐을 중수하고, 못을 파고 산을 만들어 기이한 짐승과 꽃을 길렀으며, 무왕(武王) 35년(634) 3월에는 궁의 남쪽에 못을 파고 물을 20여 리에서 끌어 들이고, 연못 서쪽에 버드나무를 심고 못 가운데에는 섬을 만들어 방장선산(方丈仙山)을 모방하였고, 무왕 39년(638) 3월에는 왕과 왕비가 이 못에서 뱃놀이를 하였으며, 의자왕 15년(655) 12월에는 궁 남쪽에 망해정(望海亭)을 짓고 태자궁(太子宮)을 사치스럽게 지었다는 조경이나 조경술에 대한 기록이 여러 군데에 보인다.

또한 이 정원 꾸미는 기술은 당시 일본에도 전해졌는데 「일본서

기(日本書記)」의 '스이꼬 천황(推古天皇) 20년(612)'조에 의하면 백제의 노자공(路子工)이라는 사람이 궁실 남쪽 뜨락에 수미산을 꾸미고 다리를 놓았다고 되어 있다.

이러한 역사를 갖고 있는 궁남지는 현재 부여읍 남쪽 들녘에 남아 있다. 규모는 3만여 평으로 추정되나 현재 대부분이 논으로 이용되고 그 면적의 3분의 1에 불과한 8,500여 평이 사적 제135호로 지정되어 추정 복원되어 있다. 1966년 5월 복원 공사 때에 이곳에서 백제시대의 토기가 다수 출토되었다. 이 궁남지는 안압지 못 안에 3개의 섬을 만든 것과 그 서편에 동궁을 세운 것, 왕과 신하들이 이곳에서 잔치를 베푼 사실들이 서로 공통되고 있으며, 신라의 문무왕도 백제와의 전쟁을 치르는 동안 이곳을 직접 보았다.

이러한 역사적 배경 속에서 중국 문화, 백제 문화, 고구려 문화를 흡수하여 신라인들의 발달된 미의식(美意識)이 작용한 통일신라

궁남지 전경 부여읍 남쪽에 있는 백제의 궁남지는 당나라 대명궁과 함께 신라의 안압지와 동궁 조성에 참고가 되었으리라 추측된다.

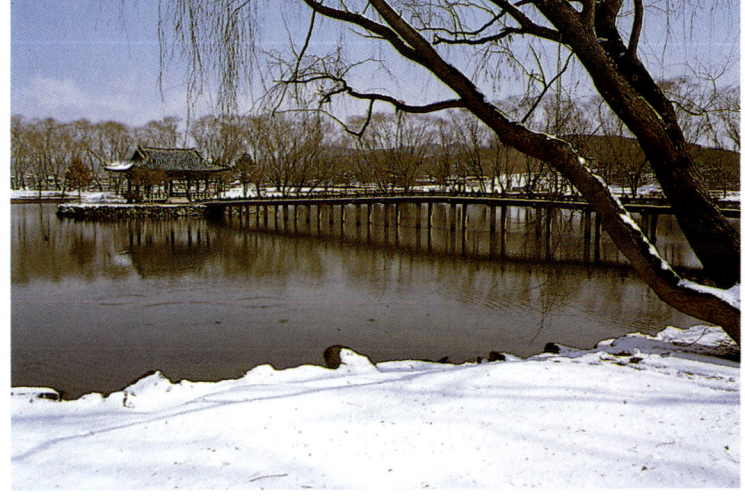

문화의 첫번째 궁원 조경(宮苑造景) 작품인 안압지는 중국의 '무산 12봉(巫山十二峯)'을 본떠서 만들었다. 이 무산 12봉은 중국 전국시대(기원전 771~기원전 256년) 초나라 양왕(襄王)이 꿈속에서 선녀와 노닌 고사에서 유래된 것인데, 이를 소재로 병풍에 그린 그림을 보고 당나라 시인 이태백이 직접 삼협(三峽)에서 무산 12봉을 본 사실과 연결하여 시를 썼다.

현재 무산은 양자강 상류 삼협에 있으며 중국의 유명한 명승지이다. 12봉의 이름은 망하(望霞), 취병(翠屏), 조운(朝雲), 송만(松巒), 집선(集仙), 취학(聚鶴), 정단(浄壇), 상승(上昇), 초운(超雲), 비봉(飛鳳), 등룡(登龍), 성천(聖泉) 등이다. 또한 안압지를 불로초가 있다는 동해로 상징하여 삼신산을 연못 가운데에 만들고 못가에는 괴석(怪石)으로 조경하였으며, 연못 서편에는 동궁을 세우고 그 정전의 이름을 임해전이라 하였다.

안압지 조성의 사상적 배경으로는 일찍이 중국에서 들어온 도가 사상의 영향으로 신라인이 삼산(경주 낭산, 영천 골화산, 청도 혈례산)에 제사를 지낸다든가, 화랑도 정신 수양의 줄기를 이루었던 신선 사상 같은 것이 필연적으로 나타난 것이며, 아울러 오랜 전쟁을 치른 문무왕 자신이 인간적인 고뇌에서 벗어나 신선의 경지를 갈구했던 것으로 볼 수 있다.

정치적 배경으로는 무수한 인명의 희생을 가져온 전쟁으로 인한 문무왕 자신의 피로를 풀고, 전쟁으로 얻은 포로 등 남는 인력을 활용하는 한편, 통일 국가로서의 면모를 과시하기 위한 왕궁의 확장 등으로 볼 수 있다.

내력

안압지는 신라 천년의 궁성인 월성(月城)의 바로 동북편에 위치 14쪽 그림
하고 있다. 임해전의 확실한 모습은 알 수 없으며 다만 현재 건물터 17쪽 그림
만 발굴되어 있다.

안압지와 임해전에 대한 역사적 기록을 「삼국사기」에서 살펴보면
그 내용은 다음과 같다.

"문무왕 14년(674) 2월, 궁 안에 못을 파고 산을 만들어 화초를
심고 귀한 새와 기이한 짐승을 길렀다(宮內穿池造山種花草養珍禽
奇獸)."

"문무왕 19년(679) 8월, 동궁을 짓고 궁궐 안팎 여러 문의 이
름을 만들었다(創造東宮始定內外諸門額號)."

"효소왕 6년(697) 9월, 군신들을 임해전에 모아 잔치를 베풀었다
(宴群臣於臨海殿)."

"경덕왕 11년(752) 8월, 동궁아(관청 이름)를 설치하고 상대사
(신라 제12관등) 한 사람과 차대사 한 사람을 두었다(東宮衙景德
王十一年置上大舍一人次大舍一人)."

"혜공왕 5년(769) 3월, 군신들을 임해전에 모아 잔치를 베풀었다

(燕群臣於臨海殿)."

"소성왕 2년(800) 4월, 폭풍으로 임해, 인화 두 문이 파괴되었다
(暴風折木蜚瓦臨海仁化二門壞)."

"애장왕 5년(804) 7월, 임해전을 중수하고 새로 동궁 만수방을
지었다(重修臨海殿新作東宮萬壽房)."

"헌덕왕 14년(822) 1월, 동생 수종을 부군(태자)으로 삼고 월지
궁으로 들였다(以母第秀宗爲副君入月池宮)."

"문성왕 9년(847) 2월, 평의전과 임해전을 중수하였다(重修平議
臨海二殿)."

"헌안왕 4년(860) 9월, 왕이 임해전에 군신을 모았다(王會群臣於
臨海殿)."

"경문왕 7년(867) 1월, 임해전을 중수하였다(重修臨海殿)."

안압지의 위치도

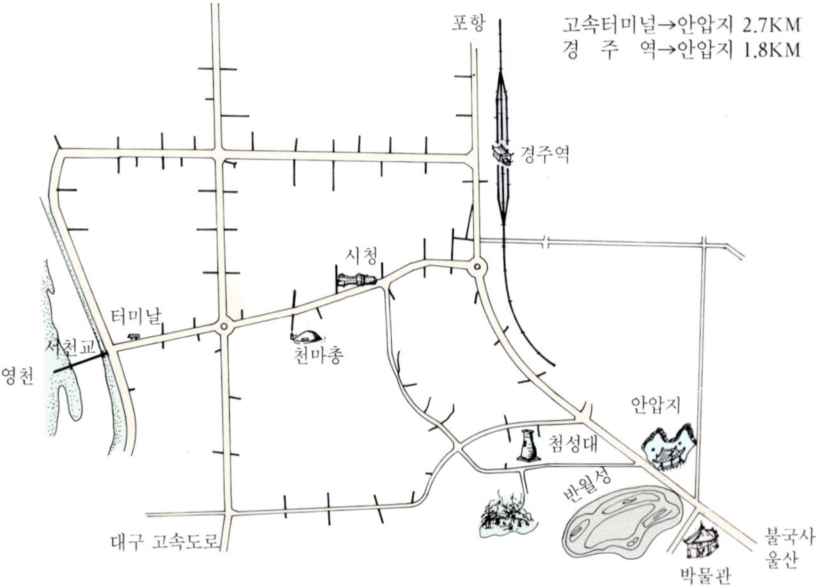

고속터미널→안압지 2.7KM
경 주 역→안압지 1.8KM

"헌강왕 7년(881) 3월, 군신들을 임해전에 모아 향연을 베풀고, 주연이 한창일 때 왕이 거문고를 타고 좌우의 신하들은 노래를 부르며 지극히 즐겁게 놀고 파하였다(燕群臣於臨海殿酒酣上鼓琴左右進歌詞極歡而罷)."

"경순왕 5년(931) 2월, 고려 태조(太祖)를 임해전에 모셔 잔치를 베풀었다(王與百官郊迎入宮相對曲盡情禮置宴於臨海殿)."

「삼국사기」를 제외하고는 안압지와 임해전에 대한 기록이 고려시대에는 보이지 않는다. 조선시대의 기록으로는 성종 17년(1486)에 편찬된「동국여지승람(東國輿地勝覽)」에

"안압지는 천주사(天柱寺) 북쪽에 있으며 문무왕이 궁 안에 못을 만들고, 돌을 쌓아 산을 만들어 무산 12봉을 상징하여 화초를 심고 짐승을 길렀다. 그 서쪽에는 임해전이 있었으나 지금은 주춧돌과 섬돌만이 밭이랑 사이에 남아 있다(雁鴨池在天柱寺北文武王於宮內爲池積石爲山象巫山十二峯種花卉養珍禽其西有臨海殿其礎砌猶在田畝間)."

라고 기록되어 있으며, 조선 전기에 편찬되었다고 생각되는「동경잡기(東京雜記)」에는 안압지에 대한 기록이 위의「동국여지승람」과 같으며 단지 임해전에 관한 부분만 "(임해전은) 언제 창건됐는지 모르나, 애장왕 5년(804) 갑신에 중수되었다(雁鴨池, 在天柱寺北, 文武王於宮內爲池, 積石爲山, 象巫山十二峯, 種花卉養珍禽, 其西有臨海殿不知創於何時而哀莊王五年甲申重修其礎砌猶在田畝間)"라는 기록이 추가되었다.

조선 단종 때 생육신의 한 사람인 매월당 김시습이 읊은 '안하지구지(安夏池舊址)'에

"못을 파서 바다로 만들고 고기와 소라를 길렀는데, 물을 끌던 용의 목은 그 형세 우뚝도 하여라, 이는 신라 망국의 일이건만 지금 봄 물은 좋은 벼를 기르는구나(鑿池爲海長魚螺, 引水龍喉岌

羲, 此是新羅亡國事, 而今春水長嘉禾)."

라고 하였고, 조선 말기의 한학자인 강위(姜瑋)가 읊은 시에

"(안압지) 열두 봉우리 낮아졌고 옥전(아름다운 전각)도 황폐해
졌는데 푸른 못은 옛날 같고 기러기는 길게 우는구나. 천주사
분향한 곳 찾지를 말 것이 들풀에 깊이 묻힌 내불당 자취(十二峯
低玉殿荒, 碧池依舊雁聲長, 莫尋天柱燒香處, 野草痕深內佛堂)."

라는 내용이 있다.

이 밖의 기록으로는 조선 현종 10년(1669)에 경주 부사 민주면
(閔周冕)이 경주 향교(鄕校) 중수 때에 임해전터의 초석(礎石)을
많이 옮겨 갔던 사실과, 숙종 때 부윤 권이진(權以鎭)은 이곳을 둘러
보고 고궁 옛터라고 하였던 기록이 있을 뿐이다.

이상의 기록으로 볼 때 안압지와 임해전은 신라가 후백제 견훤의
난을 당한 후 신라의 마지막 왕인 경순왕이 고려 태조를 초청하여
임해전에서 나라의 위급한 정세를 호소하던 마지막 잔치 당시까지
는 왕궁으로서의 면모를 지녔던 것으로 생각된다. 그 후 신라가
망하고 고려시대가 되자 이곳이 궁궐로서의 역할을 할 수 없게 되
고, 건물 등의 보수가 이루어지지 못하자 동궁과 안압지는 비바람
등으로 폐허가 되기 시작하였다.

따라서 김부식이 「삼국사기」를 편찬할 때(1145년) 이 연못의
이름이 전해지지 않아 단지 궁 안의 못이라고 기록하였던 것 같다.
안압지의 신라시대 이름은 '월지(月池)'로 추정된다. 그 근거로는

첫째, 앞서의 「삼국사기」 내용을 보면 헌덕왕이 태자를 월지궁에
거처하게 하였는데 이는 월지궁이 곧 태자궁이라는 것이며, 이 궁은
674년에 연못을 판 후 679~680년에 세운 월지 바로 서편의 동궁
이라고 볼 수 있기 때문이다.

둘째, 「삼국사기」에서 월지와 동궁에 관련된 직관(職官)으로 동궁
관(태자궁), 동궁아(東宮衙), 세택(洗宅;오늘의 비서실), 승방전

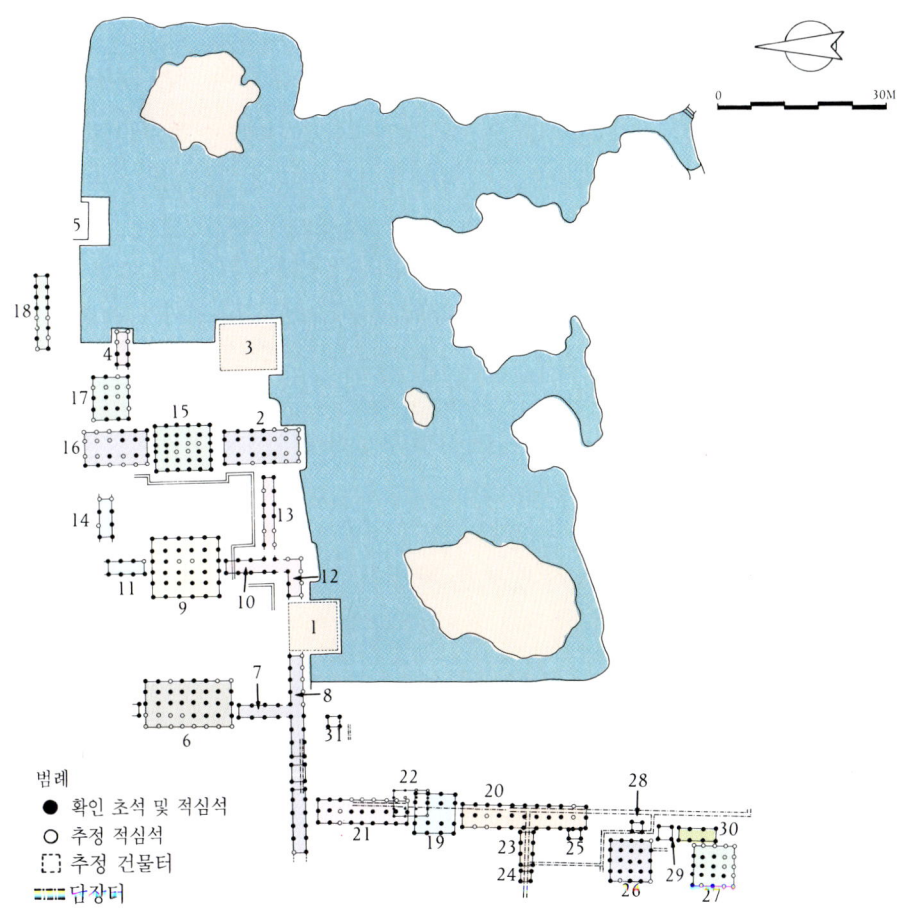

안압지 주변 건물터 배치도

(僧房典), 월지전(月池典), 월지악전(月池嶽典 ; 월지의 조경과 관리를
담당했던 부서로 추정됨), 용왕전(龍王典 ; 용왕에 대한 제사 등을
담당) 등이 기록되어 있어 동궁 옆의 연못의 이름이 월지였음을
알 수 있다.

셋째, 이러한 역사적 기록과 더불어 이를 뒷받침할 수 있는 유물들이 1975년 발굴 때 이 못 안에서 출토되었다. 곧 '동궁아일(東宮衙鎰)'이라고 쓰여진 자물쇠, '세택'이라고 쓰여진 목간(木簡), 용왕전에서 사용했다고 짐작되는 토기들이 그것인데, 접시의 안이나 바닥에 "용왕신심(龍王辛審)" "신심용왕(辛審龍王)"이라고 음각되었거나 먹으로 쓰여 있다. 이 밖에 승방전과 관련되었을 많은 불구류(佛具類)와 불상들, 월지악전에서 조경에 사용했다고 추정되는 도끼와 낫 등의 철제 이기(利器)들이 있다.

월지와 월지궁은 고려시대를 지나면서 점차 그 화려한 자취가 허물어지며 아울러 이곳에 대한 기록도 전혀 보이지 않는다.

안압지는 조선시대에 와서 붙여진 이름이다. 월지는 신라가 망한 후 수백 년이 지나는 동안 주변의 무산 12봉에서 깎여 내려온 흙과, 월지 서편의 동궁이 홍수 등 천재지변으로 허물어지면서 본래의 모습을 잃고 못 안이 거의 흙으로 매몰된 상태에 이르게 되었다. 이러한 못에 갈대와 부평초가 무성하고 이 사이를 오리와 기러기들이 날아다녔다고 생각된다. 이것을 본 조선시대의 묵객(墨客)들에 의해 못의 이름이 오늘처럼 '안압지'라고 불리게 되었다고 생각된다.

그 후 1974년 경주 종합개발계획의 한 부분으로 안압지와 주변 건물터의 준설(浚渫)작업과 정화(淨化)가 시작되었다. 그러나 뜻밖에 못 안에서 신라시대의 유물들이 출토되어 이 준설 작업을 즉시 중단하고 1975년 3월 24일부터 1976년 12월 30일까지 2년에 걸쳐서 문화재연구소에서 연못 안과 주변 건물터를 발굴하였다.

이 발굴 조사로 못의 전체 면적이 15,658평방 미터(4,738평)이며, 3개의 섬을 포함한 호안석축의 길이가 1,285미터로 밝혀졌다. 출토된 유물은 와전류(瓦塼類)를 포함하여 30,000여 점이었다. 그리고 연못 서쪽과 남쪽의 건물터 확인과 각 건물터와의 연결 건물터를 조사한 결과 건물터 26동, 담장터 8개소, 배수로 시설 2개소, 입수구

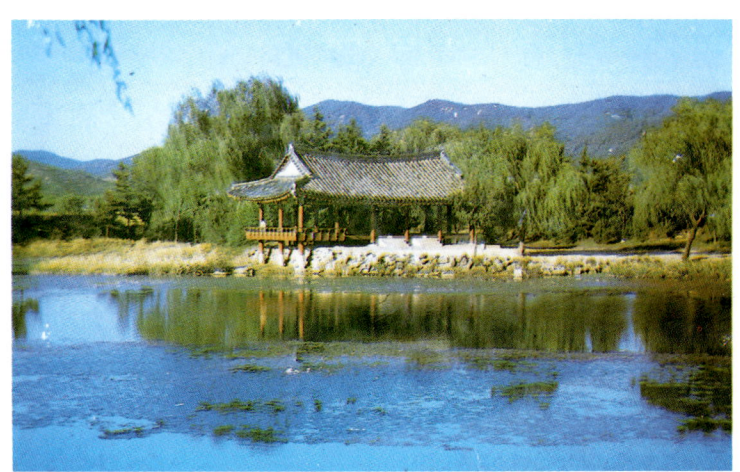

발굴 전의 안압지 전경

시설 1개소 등이 밝혀졌다. 발굴 조사에는 연인원 64,982명이 동원
되었고, 소요 경비는 107,764,000원이었다.

1980년에는 발굴 조사 결과를 토대로 문화재관리국에서 이곳의
복원 정화 공사를 하였다. 발굴로 밝혀진 연못 서쪽 호안에 접하여
세워졌던 5개소의 건물터 중 3개소에 건물을 추정 복원하였으며,
밝혀진 건물터의 초석들을 복원하여 노출시키고, 주변의 무산 12
봉을 복원하였다.

발굴 당시 안압지 동편에 반도(半島)처럼 생긴 곳에 일정시대에
세운 정면 5칸, 측면 2칸의 누각이 있었는데 발굴 결과 이곳에는
원래 건물이 없었던 것으로 밝혀져 철거시켰다.

1985년 국립경주박물관에 단위 유적에 대한 최초의 독립 전시관 20쪽 사진
인 안압지관(제2별관)을 세웠다. 이곳에 출토된 유물들을 보관하
고, 나무배를 비롯한 대표 유물 700여 점을 전시하였다.

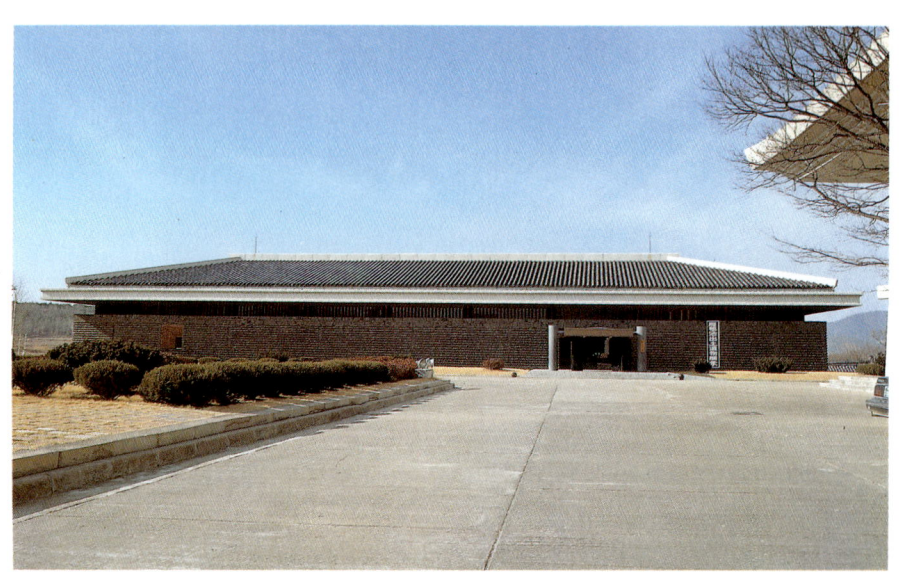

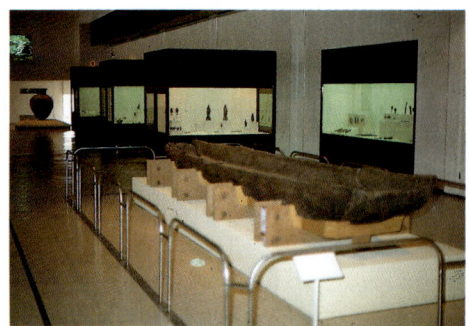

안압지 출토 유물 전시관 국립경주박물관의 전시관 서쪽에 있는 안압지관에는 안압지에서 출토된 유물들만 전시하고 있다. 당시 신라 궁중에서 사용했던 생활 용기들을 비롯하여 나무배 등 700여 점의 대표 유물이 전시되고 있다. 위는 전시관 전경이고, 아래는 전시관 내부의 전시장 모습이다.

노출된 유구

연못

연못의 전체 규모는 동서 200미터, 남북 180미터이며 그 형태는 거의 네모형이고, 남쪽 호안과 서쪽 호안의 지형은 북동쪽 지형보다 2.5미터 높다.

호안석축은 북쪽과 동쪽에는 40여 개의 굴곡이 있는 곡선이며, 높이 1.5미터 안팎으로 수직에 가깝게 한 단으로 쌓아 올린 석축이다.

호안석축에 접하여 건물터가 있는 서쪽 호안은 직선으로 높이 1.8미터 내외의 1단 호안이며, 건물터가 없는 곳에는 하층 호안과 상층 호안이 폭 2미터를 사이에 둔 2단 호안으로 되어 있다.

22쪽 사진

건물터와 접한 호안석축의 기단은 물에 잠기는 부분은 모두 자연 괴석(길이 0.8~2.3미터)으로 앞면만을 다듬어 쌓았고, 수면 위에 보이는 부분에는 대부분 길고 높은 장대석(길이 1~2미터, 높이 0.55미터)을 다듬어 쌓았다.

남쪽 호안은 거의 단조로운 직선 형태이며 호안과 땅 위와의 거리

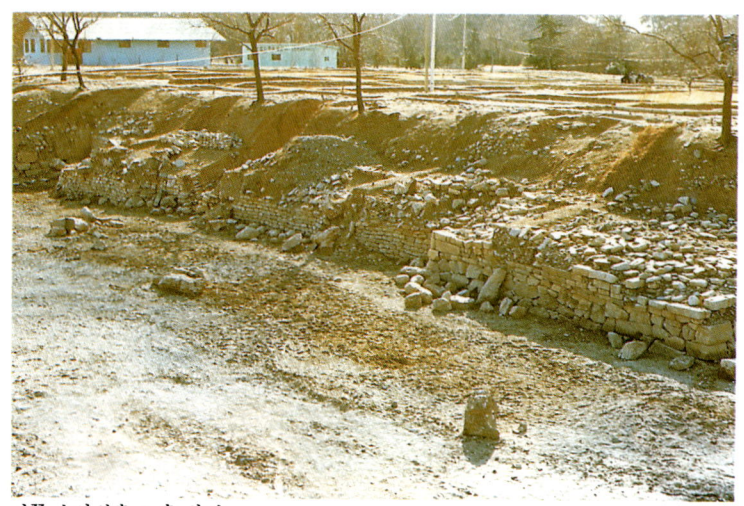

서쪽 호안석축 노출 상태

는 경사면으로 만들고 그 사이에 자연 괴석을 놓고 꽃을 심어 조경하였다.

연못을 이룬 모든 호안석축의 바닥에는 직경 60센티미터 안팎의 냇돌을 등간격으로 호안석축에 기대어 놓아 호안석축이 무너지는 것을 막았다.

이 연못은 자연의 지형을 이용하여 직선과 곡선의 다양한 변화로 이루어진 호안석축으로 만들어졌는데, 동쪽 호안석축에서는 서쪽으로 돌출된 2개의 반도를 곡선으로 축조했으며, 서쪽 호안은 동쪽으로 돌출된 5개소의 건물 기단을 겸한 직선 형태로 구조되어 좌우가 서로 잘 조화되어 있다. 이것은 연못의 좁은 공간에서 넓은 바다를 연상하도록 꾸민 것이다. 따라서 어느 한 곳에서도 이 연못을 다 볼 수가 없게 만들어진 장대한 인공 연못임이 확실하다.

연못의 바닥은 두께 50센티미터 안팎으로 점토와 자갈 등을 섞어

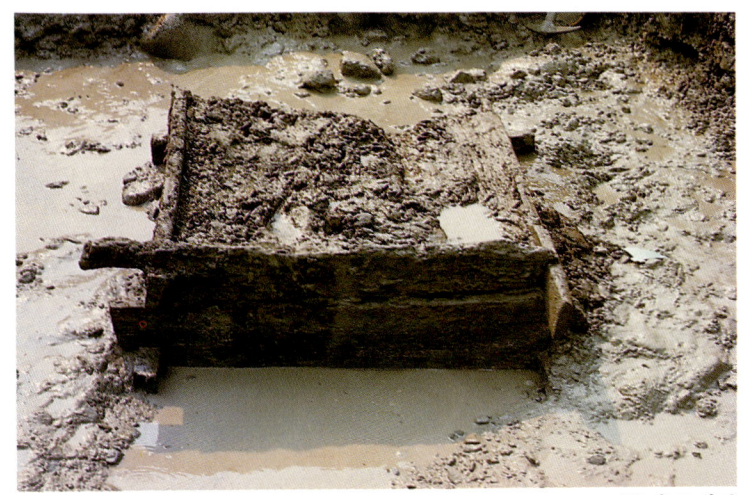

강회다짐하여 물이 밑으로 새지 않도록 하였고, 그 위 전면에 모래와 조그맣고 까만 바닷돌을 깔아 놓았다.

못 한가운데에는 연못에 수초를 번식시키기 위한 정방형(한 변 120센티미터, 전체 높이 120센티미터)의 나무로 만든 귀틀 유구가 있었으며 이 속에는 개펄 흙이 차 있었다.

서쪽 호안 석축이 직선으로 되어 있으며, 건물터의 기단을 포함하여 총길이 307미터이다. 호안에 접하여 5개소의 건물터가 있으며, 이 건물터들의 기단석축은 호안에서 건물에 따라 4미터에서 8.6미터 정도 연못 안쪽으로 튀어나오게 만들어졌다. 이것은 여기에 세워진 건물들이 연못 안의 물에 접하도록 하기 위한 방법이다.   22, 26쪽 사진

북쪽 호안 석축이 약간의 굴곡을 가진 형태인데, 모두 1단 호안이며 건물터는 없다. 호안의 축조는 간단히 가공한 사괴석(길이 20~50센티미터, 높이 15~20센티미터)으로 쌓았다. 석축이 발굴   29쪽 사진

당시 2, 3단만 남아 있었던 곳과 12, 13단 남아 있어 그 높이가 1.4 미터 되는 곳이 있었다. 석축 내부의 적심은 점토질의 황토로 채웠으며, 곡선으로 된 호안의 축조는 경사가 완만하게 쌓았다.

이 호안석축이 동쪽으로 가다가 남쪽으로 방향을 바꾼 곳에 연못 안의 물을 밖으로 내보내는 시설인 출수구가 있었으며, 이 출수구 입구에서 동남쪽으로 꺾어진 호안석축 앞에 높이 2미터, 밑면 폭

28쪽 사진 1.5미터의 삼각형 자연석이 뾰족한 점을 위로 하여 놓여 있었다. 이것은 물속에 바위가 솟아 있는 것처럼 꾸민 것이다.

못의 동북의 형태는 북쪽 호안석축과 동쪽 호안석축이 계단형으로 이루어진 구조에 의하여 만나게 되었는데, 이 부근 못 바닥에서 배를 묶어 놓기 위한 기둥이 세워져 있는 것이 발견되었다. 따라서 이곳에서 배를 대고 지상으로 올라간 것으로 추정되고 있다.

25쪽 사진 **동쪽 호안** 못의 동북 기점에서 남동 기점까지의 직선 거리가 158미터이며, 호안석축의 총길이는 410미터이다. 호안에서 못 안의 서쪽으로 만든 반도 모양의 커다란 돌출부가 두 군데 있으며, 리아스식해안을 연상하게 하는 굴곡이 심한 호안의 형태를 지녔다. 이 호안의 남동 모서리에는 못 안으로 물이 들어오는 입수구(入水口) 시설이 있다.

27쪽 사진 **남쪽 호안** 호안석축의 총길이가 79.5미터이며, 동, 서, 북의 호안 석축에 비하면 동서로 길게 축조된 단조로운 형태를 지녔다. 노출된 호안석축의 높이는 1미터 내외이며, 석축 위에 자연 괴석을 놓았다. 호안석축에서 연못 밖의 땅 위까지는 약 13미터 떨어져 있는데 이 구간은 경사면으로 처리되었으며, 이곳에는 흙이 못 안으로 흘러 내리는 것을 막기 위해 작은 냇돌을 동서로 박았고, 그 위를 자연 괴석과 꽃나무 등으로 조경하였다.

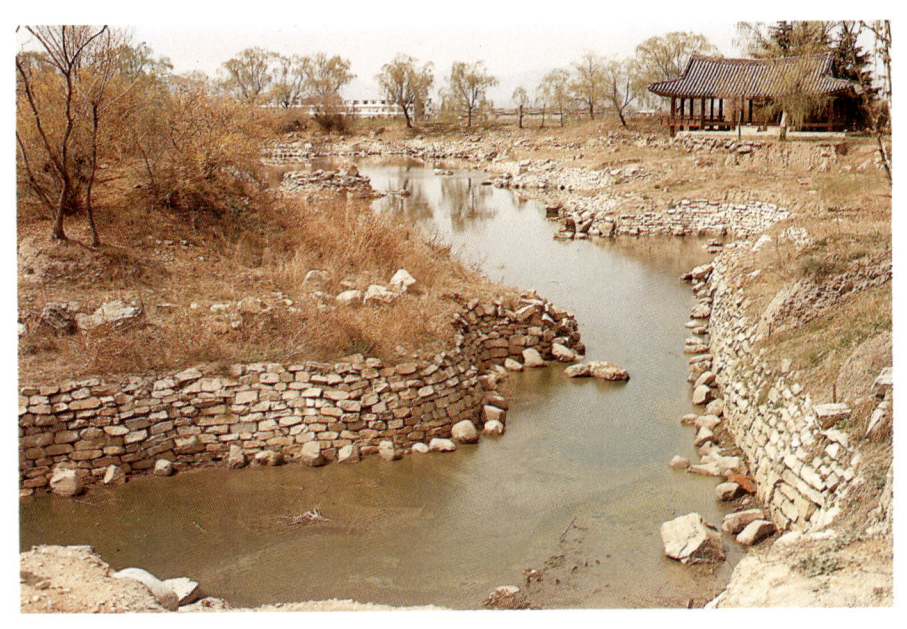

노출된 동쪽 호안 호안에서 못 안의 서쪽으로 반도 모양의 커다란 돌출부가 두 군데 만들어져 있다. 이 동쪽 호안의 남동 모서리에는 못 안으로 물이 들어오는 시설이 있다.

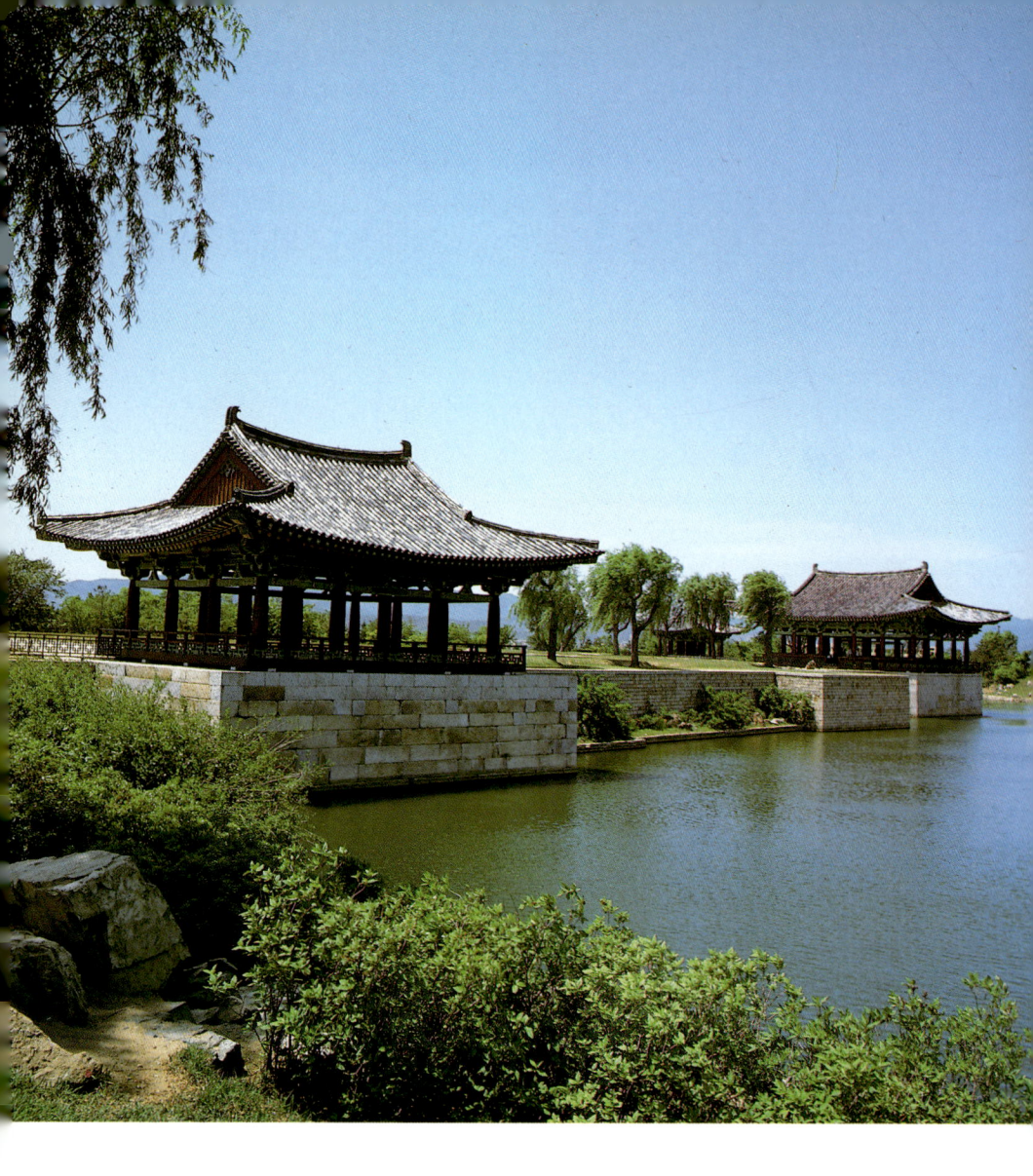

26 노출된 유구

복원된 서쪽 호안 호안에 접한 건물터들의 기단석축은 호안에서 4미터 내지 8.6미터 정도 연못 안쪽으로 튀어나오게 만들어졌다. 이것은 여기에 세워진 건물들이 연못 안의 물에 접하도록 하기 위한 방법이다.(왼쪽)

복원된 남쪽 호안 호안석축에서 연못 밖의 땅에 이르는 경사면에는 흙이 못 안으로 흘러내리는 것을 막기 위해 작은 냇돌을 박고, 그 위를 자연 괴석과 꽃나무 등으로 조경하였다.(오른쪽)

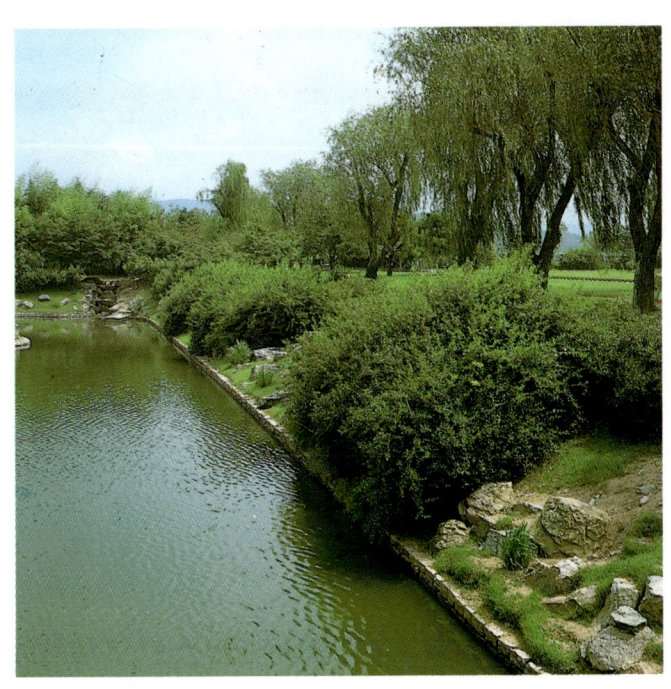

북쪽 호안 호안석축 앞에 높이 2미터, 밑면 폭 1.5미터의 삼각형 자연석이 뾰족한 점을 위로 하여 놓여 있음이 발굴로 노출되었다. 이것은 물속에서 바위가 솟아 나온 것처럼 꾸민 것이다.(왼쪽)
북쪽 호안은 석축이 약간 굴곡진 형태인데 모두 1단 호안이며 건물터는 없었다. 복원된 북쪽 호안의 전경으로 호안의 축조는 간단히 가공한 사괴석으로 쌓았다.(오른쪽)

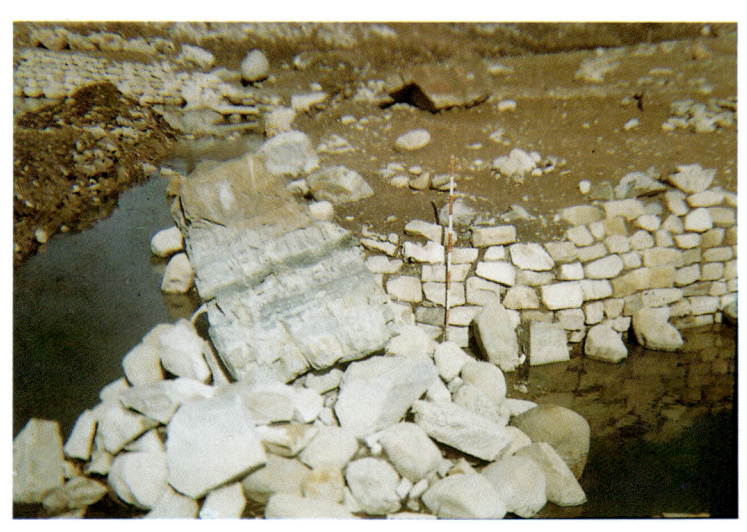

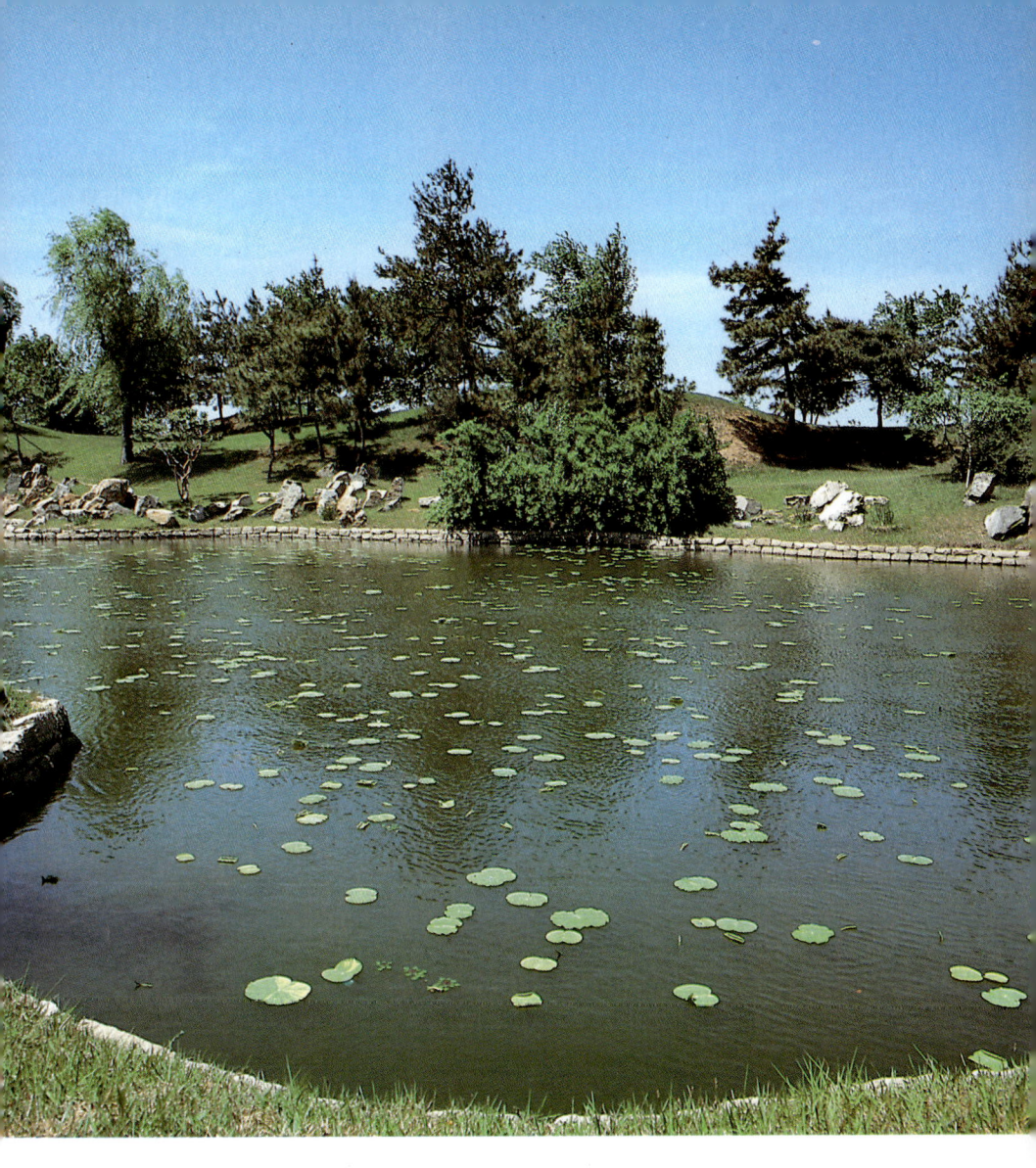

섬

가장 큰 섬은 연못 안 남쪽에 있다. 중간 크기의 섬은 큰 섬과 대칭 방향인 못의 서북쪽에 있으며, 작은 섬은 못의 한가운데에서 약간 남쪽으로 치우친 곳에 있다. 큰 섬에서 작은 섬까지의 거리는 102미터, 큰 섬에서 중간 섬까지의 거리는 160미터이다.

세 섬은 모두 연못 안에 인공적으로 만들어 놓은 것으로, 높이 1.7미터 내외로 쌓은 석축 위에 흙으로 가산(假山)을 만들고 그 위에 자연 괴석 등을 놓았다. 석축 아래에는 큰 냇돌을 등간격으로 놓아 호안석축을 받치고 있었다. 아마도 이 세 섬에는 「삼국사기」의 기록대로 진기한 새들과 작은 동물들을 기르고 아름다운 화초를 심었던 것으로 보인다.

복원된 중간 섬

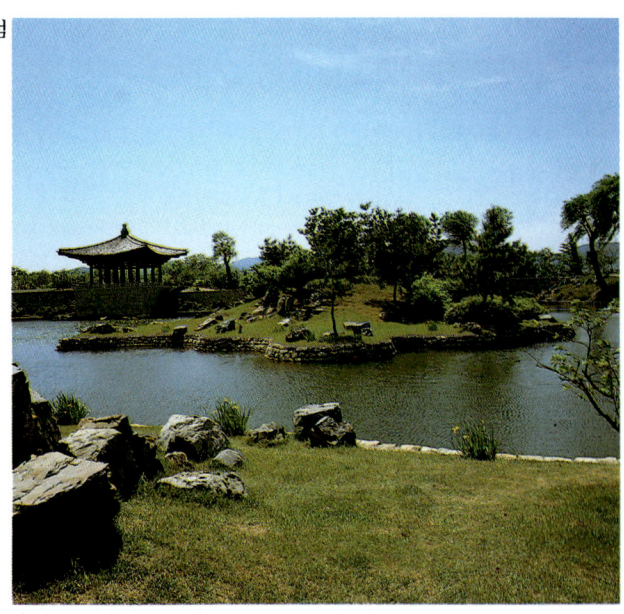

큰 섬   울퉁불퉁한 감자 모양이며 그 장축(長軸)은 동남에서 서북 방향으로 잡았다. 크기는 동서 51미터, 남북 30미터이고, 호안 석축의 둘레가 139미터, 면적이 1,094평방 미터(약 330평)이다. 호안석축의 높이는 1.7미터이며 석축 위로부터 높이 3.5미터까지 경사를 이룬 작은 동산 위에는 직경 50센티미터에서 1.5미터의 해석(海石)들이 자연스럽게 놓여 있었다. 섬의 긴 호안석축이 동서로 있으며 동남쪽 호안에 가까이 있어서 안압지의 서북쪽에서 남쪽을 바라다보면 이 섬 때문에 남쪽 호안의 대부분이 보이지 않는다.

중간 섬   크기는 동서 33미터, 남북 30미터이며, 호안의 둘레는 32쪽 사진 111미터, 면적 596평방 미터(150평)이다. 제일 큰 섬 크기의 반 정도이고 둥근형이며, 굴곡이 심한 호안석축으로 되어 있다. 노출된 호안석축의 높이는 1.6미터 안팎이고, 못 바닥부터 정상까지 5.5미터 되는 가산(假山) 위에는 자연 해석이 다수 놓여 있었다.

남쪽 호안석축 가운데에 글씨가 음각된 장방형 비석 파편(가로 30센티미터, 세로 20센티미터)이 1개 끼어 있었다. 명문(銘文)은 4행 26자로 되었으며 자경(字徑) 2, 3센티미터인 해서체(楷書體)이다. 비의 전체가 아닌 왼쪽 하단부에 해당되며, 내용은 어떤 공사에 동원되었던 담당 관리의 이름과 공사 구간 등을 기록한 것이다. 만든 연대는 561년 이전이며 신라시대 금석문(金石文) 연구에 중요한 자료로 평가되고 있다.

작은 섬   발굴 전에는 완전히 퇴적된 흙 속에 파묻혀 있어서 30, 33쪽 사진 보이지 않았던 섬이다. 크기는 면적이 62평방 미터(약 20평)이고 호안석축의 둘레는 30미터이다. 발굴 당시 호안석축이 1미터 내외로 남아 있었으며 섬 위에 자연 해석이 많이 놓여 있어서 마치 돌섬과 같았다. 이 섬 때문에 안압지 서쪽의 제2건물터에서는 맞은편의 협곡 안을 볼 수가 없게 되어 있다.

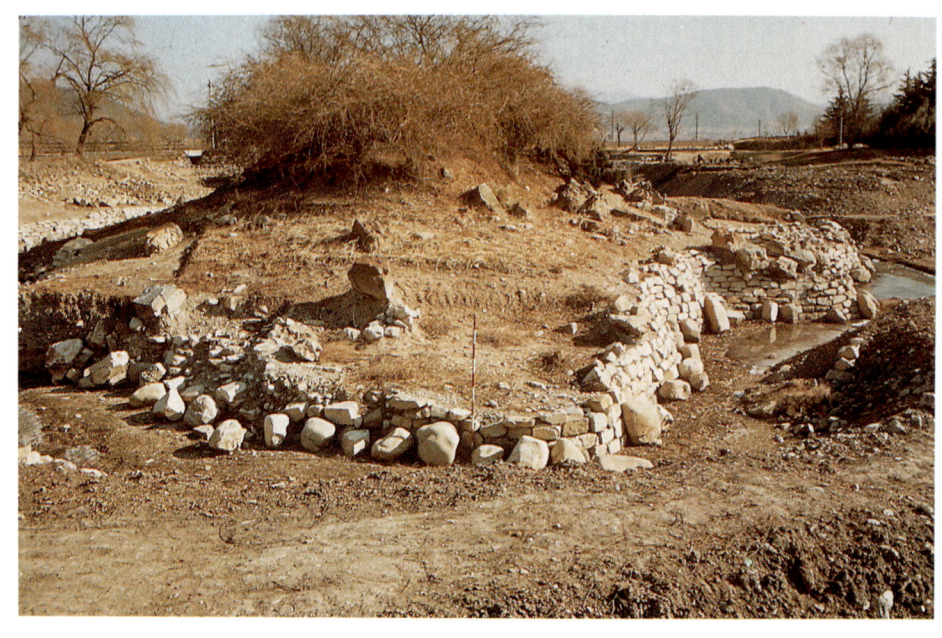

중간 섬 노출 상태 노출된 호안석축의 높이는 1.6미터 정도이고, 못 바닥부터 정상까지 5.5미터 되는 인공의 산 위에는 자연 해석이 놓여 있었다. 이 섬의 남쪽 석축 가운데에 글씨가 음각된 장방형 비석 파편이 1개 끼어 있었다.

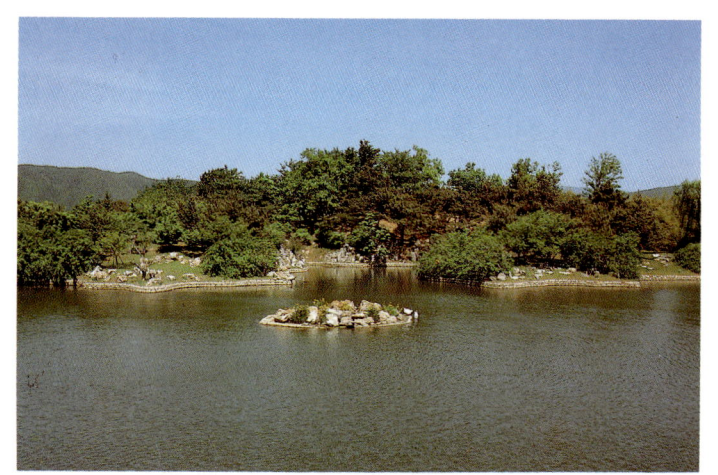

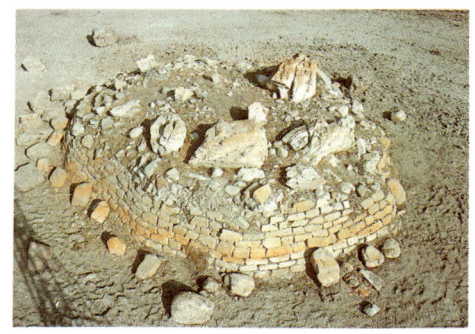

작은 섬 발굴 전에는 완전히 퇴적된 흙 속에 파묻혀 있어서 보이지 않았던 섬이다.
발굴 당시 호안석축이 1미터 정도 남아 있었으며 섬 위에 자연 해석이 많이 놓여
있어서 마치 돌섬과 같았다. 위는 복원 뒤의 전경이고, 아래는 노출 당시의 모습이
다.

입수구(入水口)

　　연못 밖에서 물을 연못 안으로 끌어들인 시설인데, 자연석과 가공석으로 만들어진 수로, 2개의 석조(石槽), 작은 못, 3개의 판석 등 5단계로 되어 있다. 현재의 안압지 울타리로부터 동남쪽 연못 호안 석축까지 이어진 거리는 총길이 73미터이나 이 수로는 현재의 울타리 밖으로도 연장된 듯하다.

　　멀리 북천(北川)에서 끌어들인 것으로 생각되는 물은 제일 먼저 남쪽 건물터 동북 끝의 석구를 통과한다. 이 석구는 지표에서 50센티미터 깊이가 되는 바닥에 자연석을 깔고 그 양옆으로 자연석을 2,3단 쌓았으며, 바닥에는 물에 섞여 들어온 쓰레기 등을 제거하기 위해 철봉을 세웠던 작은 구멍이 있었다. 이 석구를 통과한 물은 다시 가공판석으로 만들어진 수로를 통과하여 남북 방향으로 놓인 2개의 거북 모양의 석조에 이른다.

노출된 석조

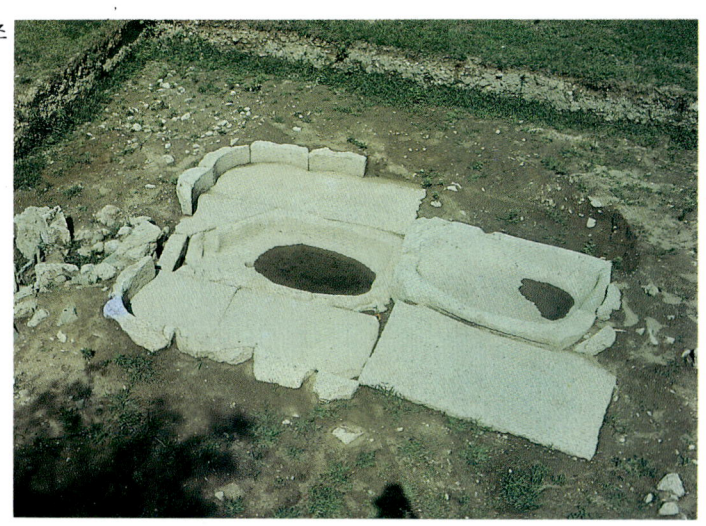

34쪽 사진

　2개의 석조는 남북 5미터, 동서 4미터 구간에 남북으로 놓여 있다. 남쪽의 석조는 길이 2.4미터, 너비 1.5미터로 유연한 곡선을 지닌 거북 모습이며, 석조의 가장자리를 깊이 15센티미터로 둥글게 파서 물이 고이도록 했고, 북쪽을 향한 면이 움푹 파여져 있어 이곳을 통해 북쪽의 석조로 물이 넘치도록 되어 있다.

　석조의 바닥 앞쪽에는 직경 12센티미터인 물빼기 홈이 파여져 있고 좌우에는 길이 2.4미터, 너비 1.25미터의 큰 판석 2개가 석조의 가장자리보다 낮게 깔렸으며, 그 가장자리에는 둥글게 파여진 길이 80센티미터 내외, 높이 28센티미터의 석재가 병풍처럼 둘러져 있다. 북쪽의 석조는 남쪽의 석조보다 지표의 높이가 40센티미터 낮아서 남쪽에서 북쪽으로 물이 넘치게 되어 있다. 석조의 북쪽 가장자리 한가운데에는 용이나 거북의 머리 등을 꽂을 수 있도록 홈이 파여져 있고, 이 물체의 몸통을 통하여 다시 그 북쪽의 작은 못으로 물이 흘러들게 되어 있다.

복원된 입수구

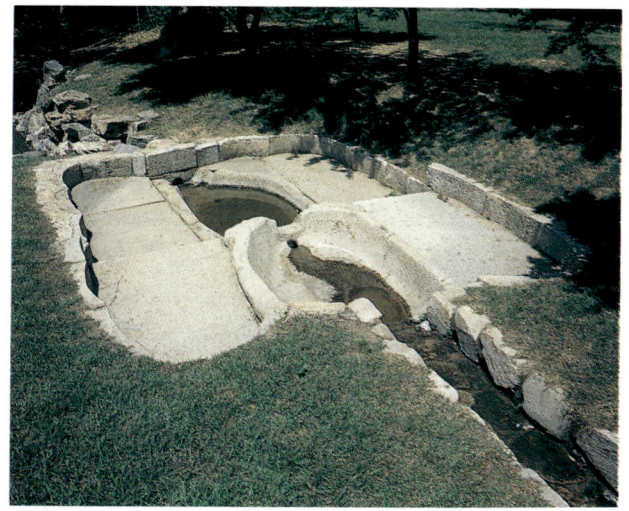

작은 못은 동서 길이 4미터, 남북 길이 6미터의 크기이며 깊이는 0.7미터인데 원형이다.

마지막 수로는 안압지의 동남쪽으로 폭 2.5미터, 높이 70센티미터 크기의 좌우에 자연 괴석을 층층이 쌓아 급경사를 이룬 후, 호안석축으로부터 동쪽으로 6미터 거리에 커다랗고 판판한 돌 3개를 놓았다. 3개의 판석 중 2개는 2.5미터의 거리를 두고 위아래에 평면으로 놓았으며, 위쪽의 판석 밑에는 3개의 판석 가운데 가장 큰 판석을 세워 놓았다.

물은 수평으로 놓여 있는 위쪽 판석에서 1.2미터 아래의 판석으로 떨어지고 다시 2미터 높이의 차가 있는 연못 안으로 떨어져 2단 낙차가 되도록 하여 마치 작은 폭포의 형태를 이루었다. 이렇게 들어온 물은 다시 큰 섬에 부딪혀서 북쪽으로 갈라지게 되며, 여기서 생기는 물의 회전은 연못 안 물의 정화에도 큰 작용을 하였을 것으로 생각된다.

연못 안의 수위(水位)는 만수(滿水)일 때 연못 바닥에서 1.6미터 높이로 추정되고 이 때의 수량(水量)은 총 22,353입방 미터가 된다 (4t 트럭 약 5,560대분).

복원된 입수구의 마지막 전경

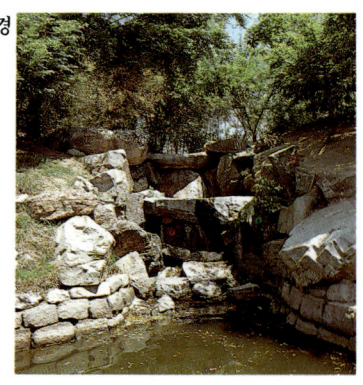

출수구(出水口)

　연못 안에 물이 많을 때 이 물을 연못 밖으로 내보내는 시설인데, 수위를 조절하는 특수 시설, 장대석으로 쌓은 석구(石溝), 목제 수구, 장대석 석구 등 4단계로 되어 있다.

　맨 처음의 특수 시설은 연못 호안 석축면에 맞추어 길이 1.5미터, 폭 30센티미터의 장대석을 2단으로 길게 쌓고, 1단과 2단의 이음 부분에 지름 15센티미터의 구멍을 뚫고 나무 마개를 꽂아 놓았다. 2단의 장대석 중 위에 놓인 장대석 윗면에는 폭 15센티미터, 길이 100센티미터, 깊이 1센티미터 크기로 단면(斷面) 凹형태의 화강석재가 있었는데, 이 위에는 비신과 같은 형태의 석재를 올려 놓고 출수구 바로 앞에서 발견된 비개석(碑蓋石) 같은 석재를 올렸던 것 같다. 발굴 당시 비신의 형태는 발견되지 않았으나 이 석재에 수량 조절과 관계되는 구멍이 있었다고 추정된다.

39쪽 위 사진

39쪽 아래 사진

　특수 시설과 바로 연결된 장대석으로 만든 수구는 폭이 1미터인데, 길이 0.9~1.7미터 내외, 높이 30센티미터의 가공된 석재를 호안 석축의 높이까지 쌓아 단면이 凹형태를 이루고 있었다. 뚜껑은 처음부터 없었던 것으로 보이며, 발굴 당시 측벽의 석축이 2단까지 남아 있었으나 원래는 5단 정도로 호안석축의 높이와 같았다고 본다.

　장대석 수구 다음에 연결된 나무로 된 배수구는 길이 3.35미터, 폭 34센티미터, 높이 37센티미터이며 직육면체의 형태를 지녔다. 통나무를 凹형으로 파서 위와 아래를 겹치게 하여 직경 15센티미터의 구멍을 만들어 그 맨 앞에 길이 45센티미터, 최대 직경 20센티미터의 나무 마개를 꽂아 놓았다. 이 마개는 손잡이 부분에 지름 12센티미터의 구멍이 뚫려 있어 사용하는 데 편리하게 되어 있었다.

　목제 수로를 통과한 물은 다시 폭 50~60센티미터의 장대석으로 만들어진 수로를 지나 목제 수로로부터 북쪽으로 20미터 지점에 있는 큰 배수로로 통하여 흘러갈 수 있게 되어 있었다. 이 큰 배수로의 바닥에는 남북 2.7미터, 동서 8미터 안에 큰 장대석 30여 개가 마치 빨래터처럼 깔려 있었다.

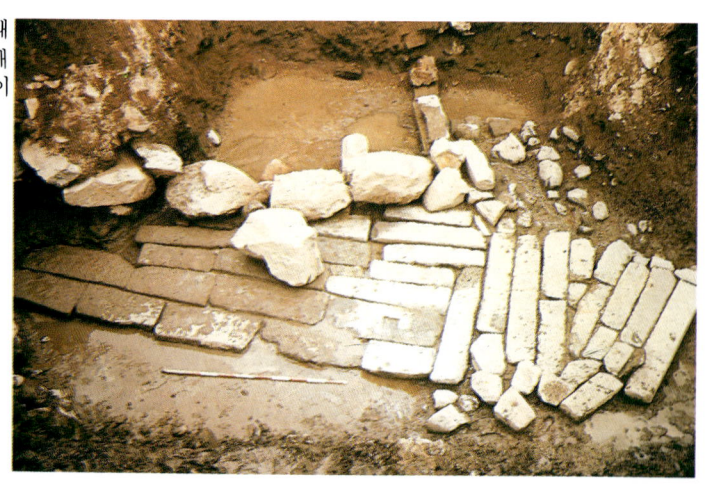

배수로 장대석이 빨래터처럼 깔려 있는 배수로의 마지막 전경이다.

출수구 위는 노출된 출수구의 전경이고, 아래는 출수구 맨 처음 시설인 장대석의 1
단과 2단의 이음 부분인 지름 15센티미터의 구멍에 나무로 된 마개가 꽂혀 있는
노출 당시의 모습이다.

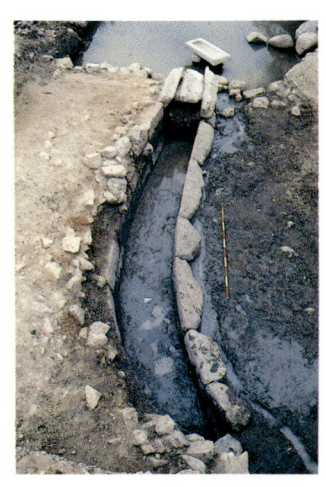

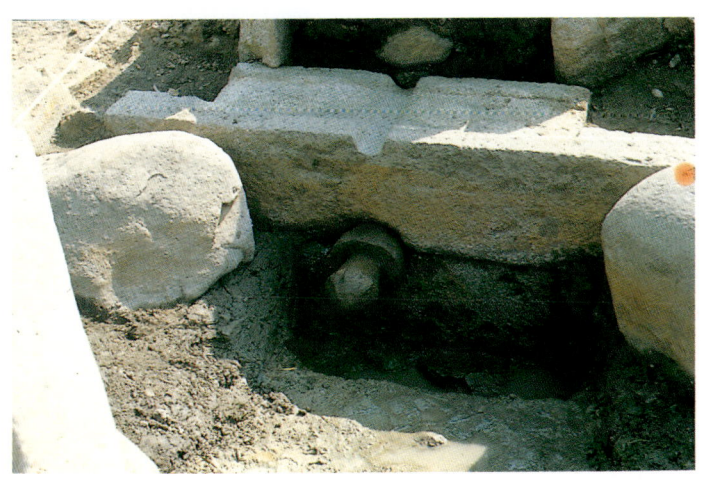

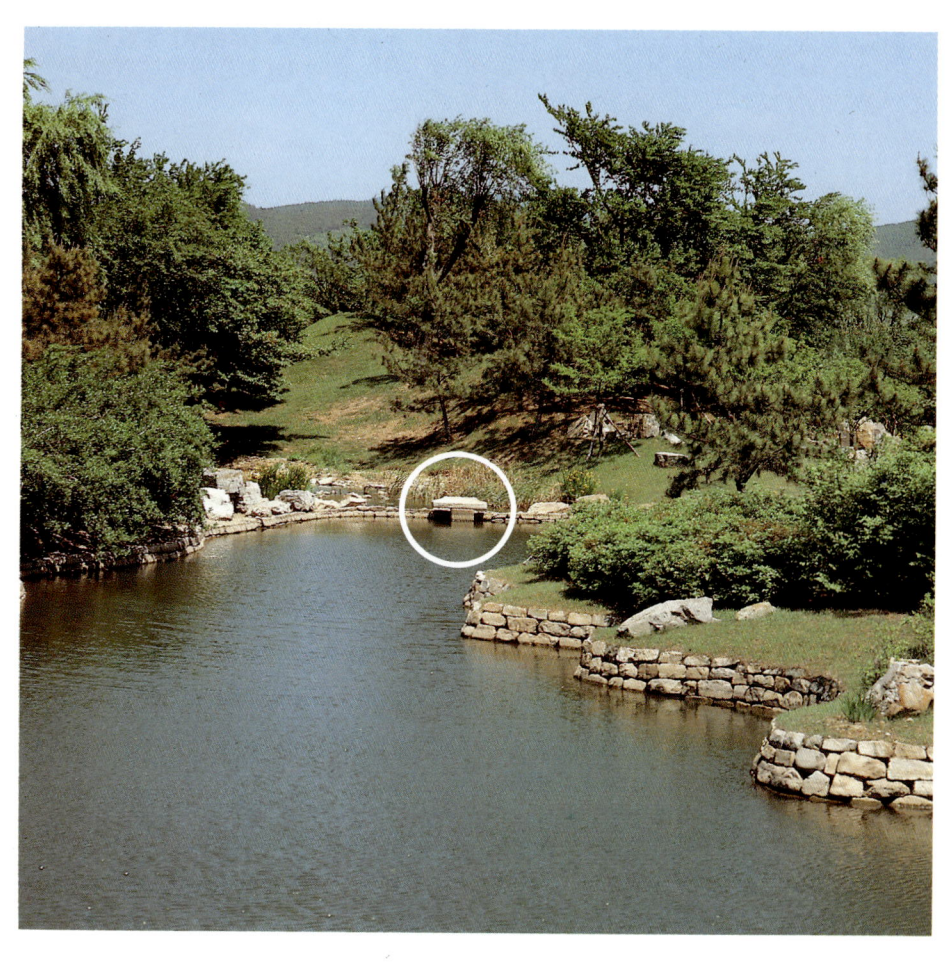

복원된 북쪽 호안 이 호안석축이 동쪽으로 가다가 남쪽으로 방향을 바꾼 곳(○표 지점)에 연못 안의 물을 밖으로 내보내는 시설인 출수구가 있었다.

40 노출된 유구

연못에 접한 건물터

고루(高樓)의 형태를 지닌 이들 건물터들은 모두 직선 석축인 서쪽 호안에 연접하여 연못 안쪽으로 돌출되어 만들어졌는데 안압지 호안석축의 남쪽으로부터 5개소의 건물터가 있다. 이들 건물터의 기단은 상하 부분의 축조를 다르게 하였다.

연못 바닥으로부터 위로 1.3미터까지는 자연석(길이 0.8~2.3미터)을 면만 맞추어 3단 정도 뉘어 쌓았고, 그 위에는 가공된 장대석(길이 1~2미터, 높이 0.55미터)을 8단 정도 쌓았다. 대체로 기단의 높이는 6미터 내외로 추정되고, 기단 아래의 모퉁이에는 큰 돌을 기대어 놓아 기단이 무너지지 않도록 하였다.

제1건물터 안압지의 서남 모서리로부터 6.4미터 되는 북쪽 위치에, 남북 폭이 15.4미터 되는 건물터의 기단석축이 호안석축으로부터 동쪽으로 8.6미터 돌출되었다. 건물의 동서 중심축은 연못의 서남 모서리 기점으로부터 14.1미터 거리가 되며, 건물의 규모는 남북 3칸, 동서 3칸으로 추정된다. 발굴 당시에 장대석 석축이 2단까지 남아 있었으나 원래는 8단이었던 것으로 추정되고 총높이는 약 5.6미터가 된다. 42, 43쪽 사진

제2건물터 연못의 서남 모서리 기점으로부터 동서 중심축이 64.5미터 거리에 있다. 호안석축으로부터 남벽이 2.2미터, 북벽이 6.9미터 동으로 돌출되었으며 동쪽 벽의 폭은 12.8미터이다. 제1건물터와 이 건물터의 동서 중심축 사이의 거리는 50.4미터이고, 동서 6칸(20.5미터), 남북 3칸(9.1미터)의 건물이었을 것으로 추정된다. 44쪽 위 사진

제3건물터 5개의 건물터 중 중간에 자리하고 있다. 건물의 동서 중심축은 연못의 남서 모서리를 기점으로 북쪽으로 93미터 거리에 있다. 호안석축으로부터 남벽이 4미터 동으로, 북벽이 북으로 5.8 44쪽 아래 사진

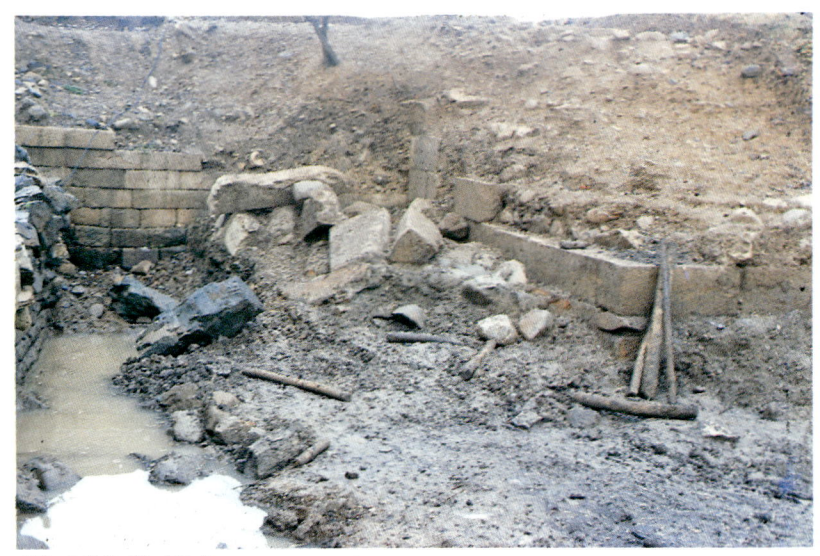

발굴 당시의 제1건물터

미터 각각 돌출되었는데 돌출된 북벽의 동서 폭은 18미터이다. 동서 5칸, 남북 4칸의 건물로 추정되고 있다.

　　제4건물터　연못에 접한 5개소의 건물터 가운데 가장 작은 규모이다. 건물의 서북 중심축은 제3건물터의 남북 중심축에서 서쪽으로 34.2미터가 된다. 건물터 기단의 북벽(폭 5.8미터)이 서쪽으로 꺾인 호안석축으로부터 북으로 4미터 돌출되었다. 기단부 위의 건물은 초석의 적심부가 발견되지 않았으나 동서 기둥칸은 단칸, 남북은 3칸 이상으로 추정되고 있다.

46쪽 사진　　**제5건물터**　서쪽 호안이 동쪽으로 꺾인 기점으로부터 북으로 32.5미터 거리에 동서 중심축을 둔 동향(東向)의 건물이다.

　　기단의 크기는 남벽이 6미터, 북벽이 6.3미터, 동벽이 10미터이며 2단 형식의 기단이다. 하층 기단은 상층 기단 벽면으로부터 남, 동,

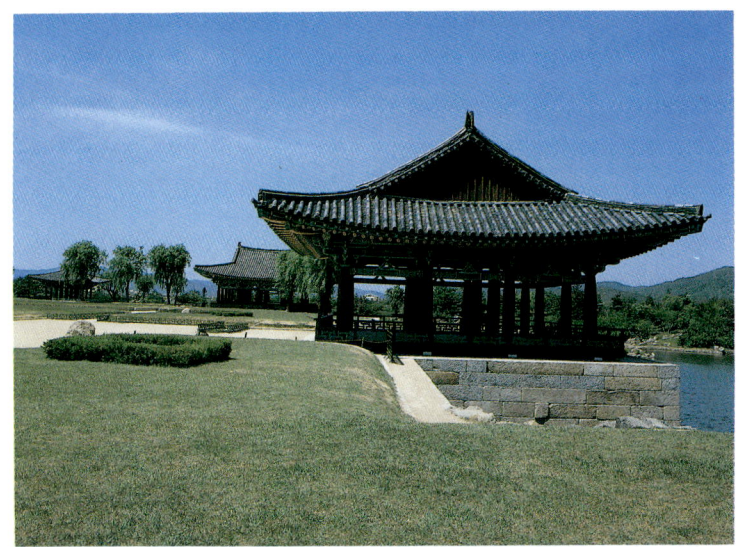

복원된 제1건물터 건물의 규모는 남북 3칸, 동서 3칸으로 추정된다.

북쪽으로 각각 2.2미터, 3.6미터, 2.1미터 연못 안쪽으로 돌출되었
다. 세 곳에 모두 자연석을 면만 맞추어 쌓고 그 위에 자연 괴석을
배치하였다. 호안석축으로부터 북벽이 7.7미터, 남벽이 8.8미터 돌출
되었으며 동벽의 길이는 13.4미터이다.

　동벽과 남벽은 기단의 벽면에 단면 凹형으로 동벽에는 두 군데
(폭 1.7미터, 깊이 2.3미터, 폭 60센티미터, 깊이 1.6미터), 남벽에는
한 군데(폭 70센티미터, 깊이 2.2미터) 기단선(基壇線)의 변화를
주었는데 아마도 이곳에 배를 대었을 것이라는 추정도 있다.

　하층 기단 위에는 크기 50센티미터 이상의 해석(海石)을 자연스럽
게 배치하여 물 위로 이 돌들의 윗부분이 바다 속에 있는 바위처럼
보이도록 처리하였다. 기단 주변에서 돌난간 부재가 다수 출토되어
이 건물터에 돌로 만든 난간 시설이 있었음을 알 수 있었다.

제2건물터 철제 은장 노출 상태 연못의 서남 모서리 기점으로부터 동서 중심축이 64.5미터 거리에 있는 건물터의 장대석 이음인 철제 은장의 노출 상태이다.(위)

제3건물터 노출 상태 건물의 동서 중심축은 연못의 서남 모서리를 기점으로 북쪽으로 93미터 거리에 있다.(아래)

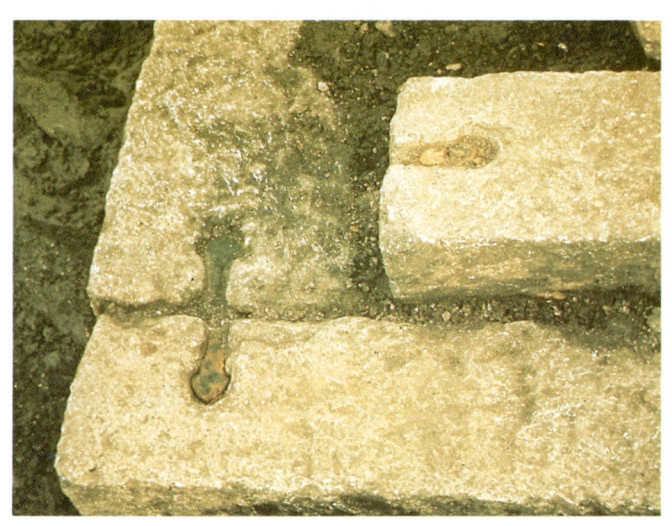

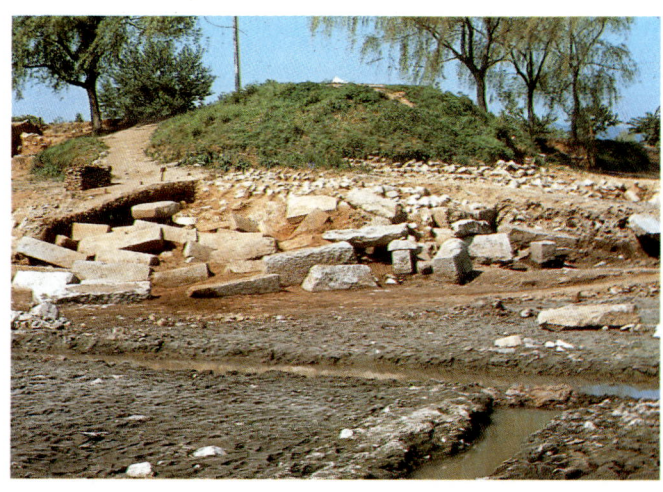

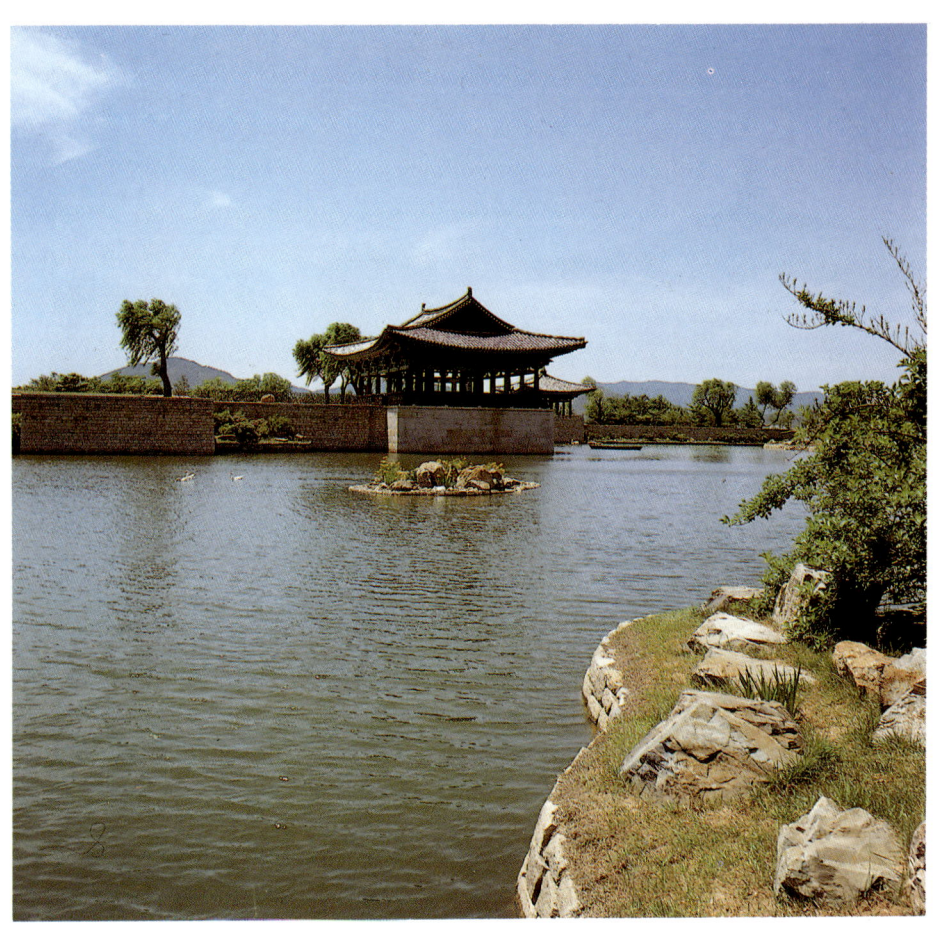

복원된 제2, 3건물터　제2건물은 동서 6칸, 남북 3칸의 건물이었을 것으로 추정된다.
제3건물은 동서 5칸, 남북 4칸의 건물로 추정된다.

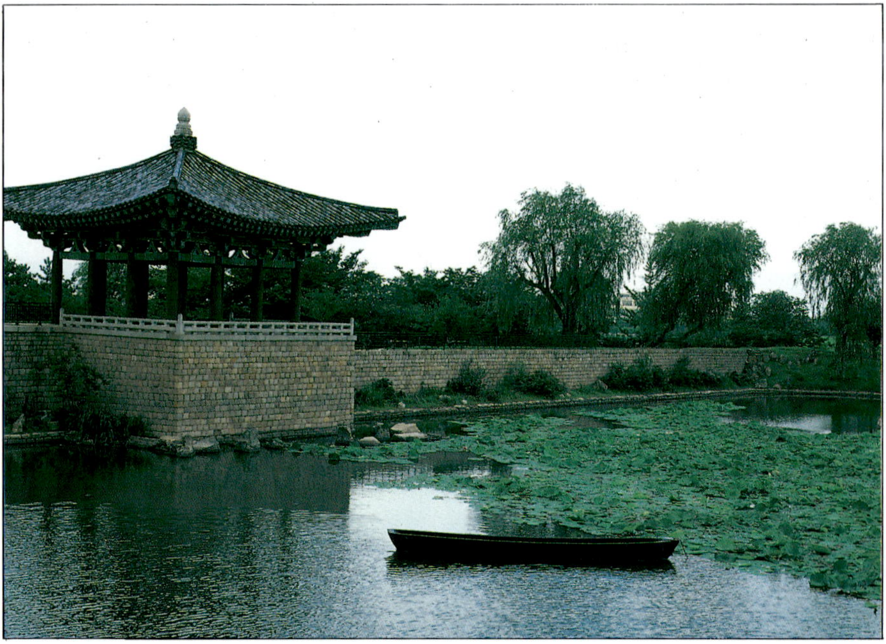

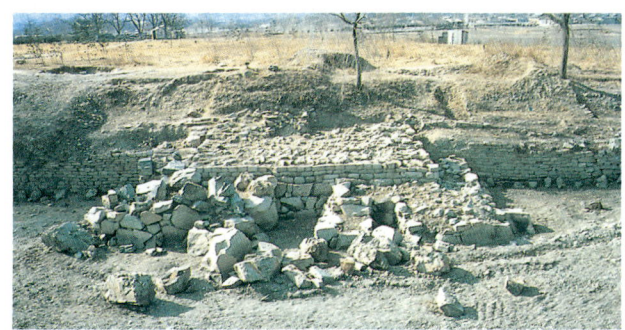

제5건물터 서쪽 호안이 동쪽으로 꺾인 기점으로부터 북으로 32.5미터 거리에 동서 중심축을 둔 동향(東向) 건물이다. 위는 복원된 모습이고 아래는 노출 당시의 상태이 다.

서쪽 건물터

이곳은 신라 역사 속에서 수차례 왕과 신하들의 연회 장소로 등장되었던 임해전터를 포함한 동궁터이다. 독립된 건물터 5개소와 이들 건물터를 연결시킨 회랑터 8개소가 확인되었다.

이곳의 건물 배치는 먼저 남쪽 건물을 중심 위치에 두고 그 일곽으로 북쪽에 건물을 두고 이 두 건물을 둘러싼 회랑이 있으며, 동회랑 사이에는 연못의 호안에 접한 누각 건물(제1건물터)을 삽입하게 되어 있었다. 이 중심 건물의 북쪽에는 주건물과 좌우 부속 건물을 두어 못의 호안에 접하여 세운 2개의 누각 건물(제2, 3건물터)과 50쪽 사진 연결시켰다.

이 서쪽 건물터들이 안압지의 형태와 조화를 이루도록 만들어진 것으로 보아 안압지 창건과 관련해서 그 기본 설계가 이루어졌던 것으로 추정된다. 이곳의 건물터들은 안압지 호안에 접하여 세운 5개소의 건물터에 이어 편의상 제6~제18건물터로 하여 설명하고자 한다.

제6건물터   정면 7칸, 측면 4칸의 남향 건물터이다. 동서 기둥칸은 전체 길이 23미터이며 남북은 13.2미터로 건평 91.8평이다. 서쪽 건물터 중에서 가장 남쪽에 있으며, 건물 북쪽의 기둥자리를 동으로 연장하면 연못의 남쪽 호안 석축선과 일치한다. 이 건물터는 서쪽에서 확인된 건물터 가운데 규모가 가장 크다. 이 건물터의 중심으로부터 북쪽으로 37.5미터(123.75자) 자리에 제9건물터가 있으며 모두 같은 남북 중심축 위에 있다.

제7건물터   제6건물터와 동으로 연결된 익랑터이다. 기둥칸이 남북 1칸(3.4미터), 도리칸 4칸(14미터)으로 14.4평이다.

제8건물터   제6건물터의 동쪽에 위치한 남북 방향의 긴 장랑터(長廊址)이다. 확인된 기둥칸은 남북이 14칸(53미터), 동서가 1칸

(약 3미터)이다. 이 회랑터의 중간 부근에 위치한 단칸 건물은 동서 기둥칸이 4미터, 남북이 3.6미터인데 회랑터에 설치된 문터(門址)로 추정된다. 이 문은 동쪽 구역과 서쪽 구역을 연결시킨 것으로 보인다.

제9건물터 정면 5칸, 측면 5칸인 남향 건물터이다. 동서 17.8미터(58.74자), 남북은 16미터로 86.15평이다. 이 건물터의 좌우에는 익랑터(제10, 제11건물터)가 있으며, 제9건물터 동서 중심축에서 북으로 32.5미터(107.25자) 거리에 제15건물터가 있다.

제10건물터 제9건물터의 동쪽에 있는 익랑터이다. 이 익랑터는 동북쪽에 있는 제13건물터를 연결하는 주건물터 일곽의 동쪽 북회랑터이기도 하다. 남북 기둥칸이 1칸(3.5미터), 동서 기둥칸이 5칸(17.4미터)으로 18.3평이다.

노출된 초석 적심석과 석구

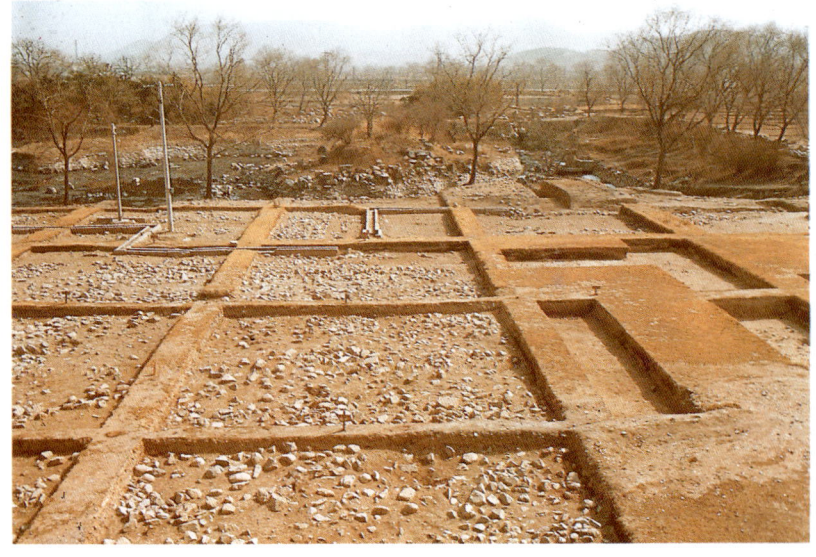

제11건물터 제9건물터의 서쪽에 있는 익랑터이다. 남북 기둥칸이 1칸, 3칸의 동서 기둥칸만이 확인되었으나, 동쪽의 제10건물터와 대칭되는 규모였던 것으로 추정된다. 이 터는 제6건물터 일곽의 서북쪽 북회랑터로 추정된다.

제12건물터 제8건물터의 남북 기둥열과 같은 선상에 있다. 남으로는 연못가의 제1건물터와 접속되고, 서쪽으로는 제10건물터와 연결된다. 남북 기둥칸이 3칸, 동서 기둥칸이 1칸인 건물터이며, 서쪽 남북 기둥 자리로부터 4.5미터 거리에 석구(石溝;단면 凹형이며, 이 안으로 물이 흐르도록 만들어진 곡수식의 정원 장치)가 남북 방향으로 놓여 있다.

제13건물터 제9건물터와 제2건물터를 연결하는 동쪽 회랑터이다. 남북 기둥칸이 7칸(26미터), 동서 기둥칸이 단칸(약 3미터)으로 23.6평이다.

제14건물터 제11건물터와 제16건물터 사이에 있으며 동서 1칸, 남북 3칸이다. 원래는 동쪽의 제13건물터와 같이 남북칸이 길었던 회랑터로 추정되고 있다.

제15건물터 제6건물터로부터 70미터 북쪽에 위치한 남향 건물터이다. 정면, 측면 5칸이며 동서 길이 15.5미터, 남북 길이 15미터로 70.3평이다. 이 건물터의 동서에 독립된 부속 건물터(제2, 16건물터)가 있으며, 동쪽의 제2건물터는 연못에 섭하였다.

제17건물터 동서 기둥칸 3칸(9.2미터), 남북 기둥칸 4칸(11.5미터)의 건물로 추정되는 동향 건물터이다.

제18건물터 연못에 접한 제4건물터의 남북 중심축으로부터 서쪽으로 23미터 거리에 있다. 남북 7칸(20미터), 동서 1칸(3미터)이 확인된 회랑터이다. 이 회랑터의 북쪽 끝은 확인되었으나, 남쪽은 일제시대에 철도가 부설되어 유구가 훼손되었으므로 알 수 없다.

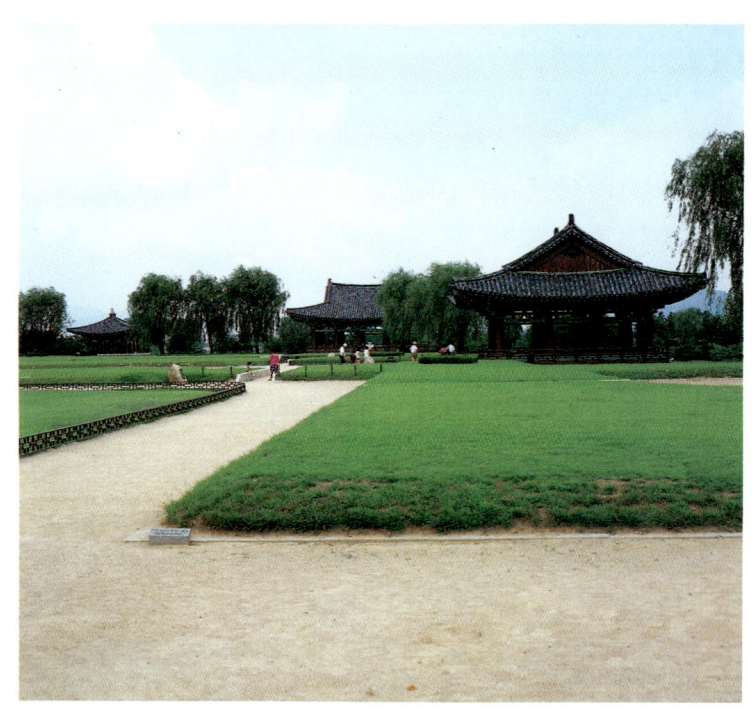

정화된 서쪽 건물터 이곳은 안압지 역사 속에서 수차례 연회 장소로 등장되었던 임해
전터를 포함한 동궁터이다. 독립된 건물터 5개소와 이들 건물터를 연결시킨 회랑터
8개소가 확인되었다.

남쪽 건물터

안압지의 남쪽에 배치된 건물터들로 제8건물터를 경계로 동쪽에 위치한 것을 살펴보자. 이 건물터는 못 남안(南岸) 호안석축으로부터 남으로 30미터에서 60미터 안팎, 동서 120미터 범위에 걸쳐 있다.

여기에서는 13개소의 건물터와 8개소의 담장터가 노출되었다. 52쪽 사진 13개소의 건물터 중 2개소는 중복된 건물터이고 나머지는 모두 독립 건물터이거나 상호 관련된 건물터들이었다.

제19건물터 못의 남쪽에 위치한 건물터들 가운데 가장 중심되는 위치에 있다. 동서 3칸(11미터), 남북 3칸(12미터)으로 건평 40.26평인 남향 건물터이다.

제20건물터 제19건물터의 동쪽에 위치한 장랑(長廊)의 성격을 띤 부속 건물터이다. 남북 기둥칸 2칸(6미터), 동서 기둥칸 10칸(34미터)의 남향 건물터이다.

제21건물터 제19건물터의 서쪽에 위치한 부속 건물터로 장랑의 성격을 띠고 있다. 서쪽에 있는 제8건물터의 동쪽 남북 기둥에서 3.5미터 떨어져 남북 기둥 자리가 있으며, 동서 8칸(24.2미터), 남북 2칸(6.4미터)으로 46.8평인 남향 건물터이다.

제22건물터 제19건물터와 제21건물터 사이에 위치한 중복 건물터이다. 동서 기둥칸이 3칸(9미터), 남북 기둥칸이 3칸(약 7미터)인 남향 건물터이다. 이 건물터의 북쪽 2개소의 초석 적심석이 다른 적심석보다 약 1미터 깊어서 제19, 21건물터보다 먼저 있었던 곳으로 추정되고 있다.

제23건물터 동서, 남북 기둥칸이 각각 단칸으로 된 건물터이다. 기둥칸은 동서가 3.5미터, 남북이 2.5미터이다. 건물터의 북쪽 끝 동서 기둥열이 제20건물터의 남쪽 끝 동서 기둥 자리의 동쪽에

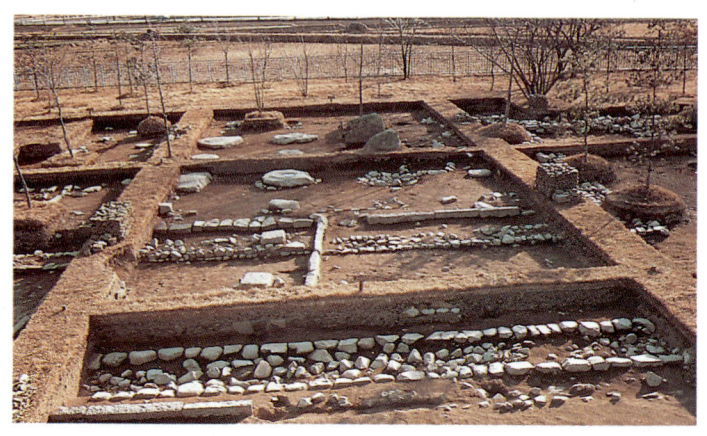

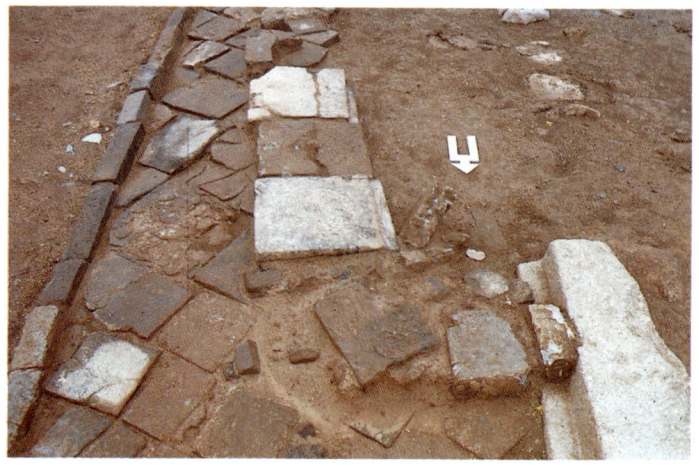

남쪽 건물터 13개소의 건물터와 8개소의 담장터가 노출되었다. 위는 노출된 건물터와 담장터이고 아래는 지대석 옆으로 깔려 있는 전들의 노출 상태이다.

서 중복되고 있으나 건물 초석 적심석의 상태로 보아 제20건물터보다 먼저 세워졌던 것으로 판명되었다.

초석 적심석은 직경 50센티미터 안팎이고 적심석 사이의 간격은 1.2미터로 좁다. 따라서 건물 유구로 생각하기 어렵고, 어떤 특수 용도를 위하여 만들어진 구조물로 생각된다.

제24건물터 동서 기둥칸 1칸(2.8미터), 남북 기둥칸 1칸(2.5미터)의 건물터이다. 이 건물 위의 담장과 그 앞쪽의 제20건물터보다 후대에 세워진 것으로 보여진다.

제25건물터 동서, 남북 기둥칸이 각각 단칸으로 된 건물터이다. 기둥칸은 동서가 3.5미터, 남북이 2.5미터이다. 제20건물터보다 먼저 세워졌던 것으로 판명되었으며, 건물 유구로 생각하기 어렵고, 어떤 특수 용도를 위하여 만들어진 구조물로 추정되고 있다.

제26건물터 기둥칸이 동서 4칸(10.8미터), 남북 4칸(10.8미터)인 정방형의 남향 건물터이다.

제27건물터 제26건물터와 같은 선상의 동쪽에 있으며 같은 규모인 동서 4칸, 남북 4칸의 남향 건물터로 추정되고 있다.

제28건물터 동서 기둥칸 1칸(2.8미터), 남북 기둥칸 1칸(2.5미터)의 건물터이다. 이 건물 주위의 담장과 그 앞쪽의 제26건물터보다 후대에 세워졌던 것으로 보여진다.

제29건물터 동서 1칸(3.3미터), 남북 1칸(3.5미터)인 단칸의 남향 건물터이다. 이 건물터 안에 동서 방향으로 배수로 시설이 있는데 배수로는 이 건물터 동쪽의 제30건물터로 이어지고, 다시 그 건물 동쪽 끝 기둥칸에서 북쪽으로 꺾여 담장터와 만나고 있다. 이 건물터도 내부의 배수로 시설로 보아 어떤 특수 용도로 세워진 것으로 추정된다.

제30건물터 동서 기둥칸 3칸(10.5미터), 남북 기둥칸 1칸(3.5미터)의 건물터이다. 건물터 중앙으로 전(塼)이 깔린 동서 방향의 배수로 시설이 있다. 이 건물 남쪽의 제27건물터보다 늦게 세워진 것으로 판명되었다.

제31건물터 제21건물터로부터 북으로 20미터, 연못 남쪽 호안 석축으로부터 남으로 10미터 거리에 있다. 동서, 남북 기둥칸이 단칸이며 그 크기는 약 3미터이다.

52쪽 사진 발굴로 알려진 담장터는 8개소이며 모두 연못 남쪽에 있었다. 동서 방향의 담장이 4개소, 남북 방향의 담장이 4개소이며 총연장 93미터이다. 모두 직선이며 남쪽에 있는 건물터의 중심에서 가장 많이 노출되었다.

제1담장터 못 남쪽 호안으로부터 33~34.5미터 떨어져 있으며, 길이는 동서 104미터이다. 기저부의 폭은 약 1.5미터이며 냇돌로 가장자리를 정연하게 쌓고 내부는 적심돌로 채웠다.

이 담장터는 위치나 규모 등으로 보아 못의 남쪽을 나누기 위한 경계 담장이었던 것으로 판단되는데, 동서로 향하는 담장선이 못의 남쪽 호안석축의 형태와 평행으로 배치되어 있어 안압지 창건과 같은 시기에 만들어진 것으로 추정된다.

제2담장터 남쪽의 제20건물터와 그 남쪽의 제23, 24건물터를 관통하고 있다. 노출된 담장의 길이는 27미터, 폭 1.2미터이다. 연접된 시설로는 담장 북쪽 끝에서부터 남으로 9.5미터 거리에 동서로 관통된 배수로 시설이 있다. 동쪽 구역과 서쪽 구역을 분리시키는 경계 담장으로 추정된다.

제3담장터 제1담장터의 남쪽으로 16미터 거리에서 동서 방향으로 19미터 연장된 담장터이다. 이 터의 서쪽 끝은 동쪽과 서쪽을 경계하는 제2담장터와 접해 있으며, 동쪽 끝은 제4담장터와 맞닿아 있다.

제4담장터 못의 남쪽에 특수용으로 축조된 제25건물터의 동쪽 담장터이다. 제2담장터로부터 동쪽으로 20미터 되는 지점에서 남북으로 14미터(폭 90센티미터) 걸쳐 있다. 북쪽 끝에서 동으로 꺾여 제5담장터로 연속되며, 남쪽 끝은 제3담장터와 맞닿은 후 다시 남으로 약 1.5미터 연속되었다.

　　제5담장터　제4담장터의 북쪽 끝에서 동으로 연장된 동서 방향의 담장터이다. 서쪽 끝에서부터 14미터 동으로 연장되다가 북으로 방향을 꺾어 4미터 연장되어 제1담장터와 닿아 있다. 이 담장터 안으로 특수 용도의 건물터인 제28건물터가 있다.

　　제6담장터　못의 동남쪽 건물(제26건물터)에 접한 동서 방향의 담장터이다. 폭이 90미터이며 그 기저부가 6미터 정도 발견되었다. 제1담장터와의 거리는 10미터이다.

　　제7담장터　제31건물터의 동남쪽 방향에 설치되었다. 잔존 유구는 4미터이다.

　　제8담장터　제8건물터의 문터(門址)에 있으며, 남북 방향이다. 담장 기저부가 15미터 노출되었는데 냇돌로 된 적심석의 윗면이 수평을 이루고 있었다. 이 담장터와 못의 남쪽 경계 담장터와의 연결은 확실히 알 수 없으나 제8건물터보다는 먼저 만들어진 것으로 밝혀졌다.

출토 유물

발굴로 출토된 유물은 총 3만여 점이다. 이 유물들은 당시 왕과 군신들이 이곳에서 향연할 때 못 안으로 빠진 것과, 935년에 신라가 멸망하여 동궁이 폐허가 된 후, 홍수 등 천재(天災)로 인하여 이 못 안으로 쓸려 들어간 것, 신라가 망하자 고려군이 동궁을 의도적으로 파괴하여 못 안으로 물건들을 쓸어 넣어 버린 것 등으로 추정된다.

유물들은 주로 못 서쪽에 있는 5개소의 건물터를 중심으로 못 안쪽 반경 6미터 거리내의 바닥 토층인 갯벌층에서 출토되었다. 서쪽 호안 건물터 쪽에서는 주로 건축 부재와 불상 등이 출토되었고, 섬을 중심으로 한 동쪽 호안에서는 토기류, 배(木船), 어농기구(漁農器具) 등이 출토되었다.

유물들은 이제껏 경주 지역에서 출토된 고분 유물들과는 그 성격이 다른 것으로 신라시대 궁중 생활의 한 면을 엿볼 수 있는 실생활품들이다. 그리고 그 종류와 수량이 다양하고 방대하여 통일신라 문화뿐만 아니라 당(唐)과 일본과의 문화 교류를 살피는 데 큰 도움이 되는 자료들이다.

유물을 물질별로 나누어 보면 금속제품 1,980점, 옥석제품 1,453점, 토도제품 3,996점, 와전 24,465점, 골각제품 359점, 목칠제품 875점 등으로 총 33,128점에 달한다.

금속공예품

부장(副葬) 의기(儀器)의 성격을 갖고 있는 신라의 고분 출토품과는 달리 실생활에서 사용되었던 유물들이 대부분이다.

식생활에 관계되는 그릇이나 도구로서는 청동으로 만든 완(鋺), 합(盒), 접시, 대접, 숟가락 등이 있으며, 일상 생활에서 사용하는 도구나 장신구로는 금동 가위, 거울, 동곳, 비녀, 반지 등이 있고, 생 **63쪽 사진** 활 장식품으로는 금동제인 용두(龍頭), 귀면 문고리(鬼面門扉鐶), **66쪽 사진** 봉황 장식, 발걸이 장식, 연봉형 장식(蓮蕾形裝飾), 옷걸이 장식 등 **67쪽 사진** 이 있다.

청동 완 형태로 보아 세 종류로 구별되는데 이 가운데 외반(外 **59쪽 사진** 反)된 높은 굽 위에 반구형(半球形)의 몸체와 직립된 구연부(口緣部)를 갖춘 형태의 그릇 바닥에 침각(針刻)으로 "仇"라는 명문이 새겨져 있었다. 또한 출토된 그릇 뚜껑 중에서 보주형(寶珠形)의 꼭지가 있는 뚜껑의 안쪽에 같은 명문이 새겨져 있어 이들이 한 짝임이 밝혀졌다. 이와 같은 형태를 가진 완이 일본 정창원(正倉院)에도 소장되어 있다. 정창원은 나라시 동대사(東大寺) 대불전의 서북에 있는 3동의 창고이다. 이곳에 756년 광명황후가 성무천황의 명복을 빌기 위해 대불(大佛)에 봉헌한 국가의 진보(珍寶) 600여 점을 비롯하여 동대사의 수장 유물과 헌납물 등 1만여 점이 보존되어 있다.

청동제 뚜껑 굽이 있는 것과 없는 것의 두 종류로 구별된다. **60쪽 사진**

이 가운데 굽이 없는 입이 넓은 접시 모양의 그릇은 경주 조양동 출토의 당삼채(唐三彩) 뼈항아리의 뚜껑으로 쓰인 것과 똑같은 형태이다. 이 그릇은 용도에 따라 접시로도 쓰고 뚜껑으로도 사용했던 것 같다.

62쪽 사진   **청동 숟가락**   음식을 담는 부위가 둥근 것, 타원형, 긴 타원형, 버들잎 모양 등 여러 가지 형식이 있으며, 시대적으로는 통일신라에서 고려, 조선시대의 숟가락이 모두 출토되었다.

이 가운데 시면(匙面)이 원형과 타원형인 것은 통일신라시대의 전형적인 숟가락이다. 이러한 형태의 숟가락이 일본 정창원에 남아 있는데 당시 신라의 장적(帳籍) 용지에 포장되어 노끈으로 10개씩 묶인 채 보존되어 있다. 안압지에서는 젓가락은 한 점도 출토되지 않았다.

65쪽 사진   **금동 가위**   등잔의 심지를 자르는 데 사용하던 가위이다. 양쪽 날 (刃) 바깥에 반원형의 테두리를 세워 붙여 잘라낸 등잔의 심지가 흩어지지 않도록 되어 있으며, 손잡이 쪽에는 매우 얇게 생긴 당초문과 어자문(魚子文:물고기 알의 형태)이 정교하게 장식되어 있다. 이와 같은 형태의 가위는 일본 정창원에도 소장되어 있는데 세부 장식 등은 약간의 차이가 있으나 매우 유사하다.

거울   청동제 당초문 거울과 백동제 화접문(花蝶文) 거울이 파손품으로 출토되었다. 이 밖에 거울의 형태를 본떠 만들어진 비실용성 납제(鉛製) 의경(儀鏡)이 다수 출토되었다.

64쪽 사진   **금동 용두**   한 쌍이 출토되었다. 들창코에 뿔은 뒤로 젖혀졌는데 위로 움직이게 되어 있다. 입은 벌려서 위로 올린 혀가 보이며, 윗입술을 양쪽 위 송곳니가 떠받치고 있다. 턱 밑에는 양쪽으로 턱수염이 굵게 나 있으며, 비늘이 음각되어 있다. 귀는 쫑긋하게 세워져 있으며 귀 밑 좌우에 한 개씩 못 구멍이 뚫려 있다. 용머리의 내부가 비어 있고, 못 구멍이 있는 점으로 보아 의자 장식으로 부착되었던 것으로 보인다.

　　금동 봉황 장식　주물(鑄物)로 제작된 봉황의 몸체에 날개를 따 69쪽 사진
로 붙인 장식구이다. 봉황의 발 밑에 둥근 받침대가 붙어 있어 어
떤 물체 위에 부착하도록 되어 있다. 봉황 머리의 뿔은 뒤로 젖혀
지고 입에는 둥근 고리를 물고 있는데, 이 고리 아래에는 장식이
달렸던 것 같다. 가슴은 볼록하며 비늘 같은 것이 음각으로 새겨져
있고 날개는 바람이 불면 몸체의 뒷면으로 움직이게 되어 있다. 제
작 방법은 다르나 형태가 유사한 봉황 장식이 일본 정창원 남창(南
倉)에 소장되어 있다.

청동 완과 합　형태로 보아 세 종류로 구분되는데 오른쪽 그릇(높이 11.2센티미터,
입지름 10.1센티미터) 바닥과 뚜껑 안쪽에 "供."라는 명문이 새겨져 있다.(왼쪽, 오
른쪽)

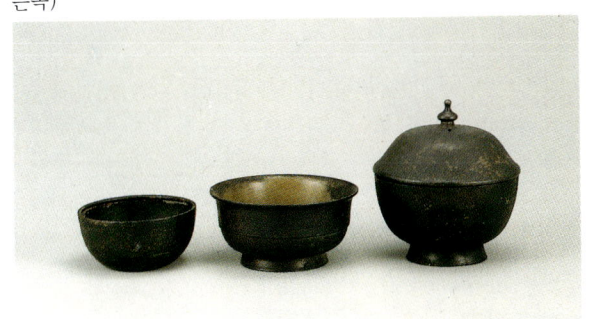
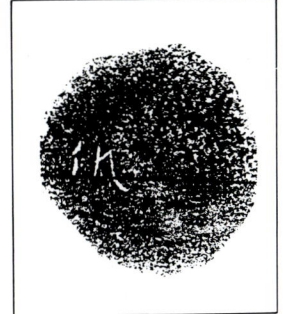

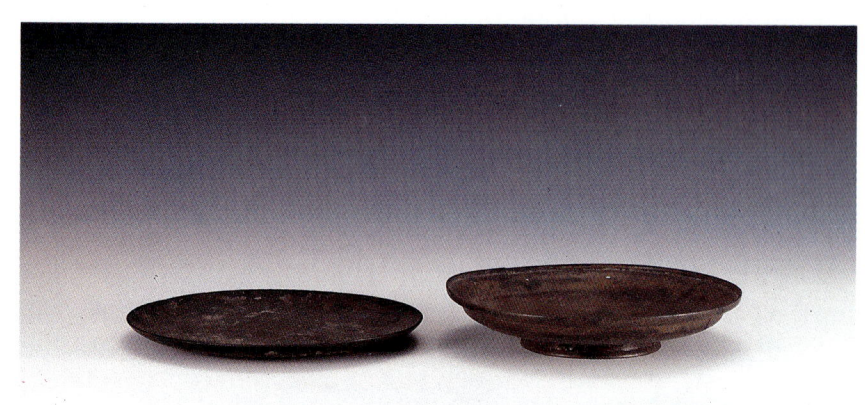

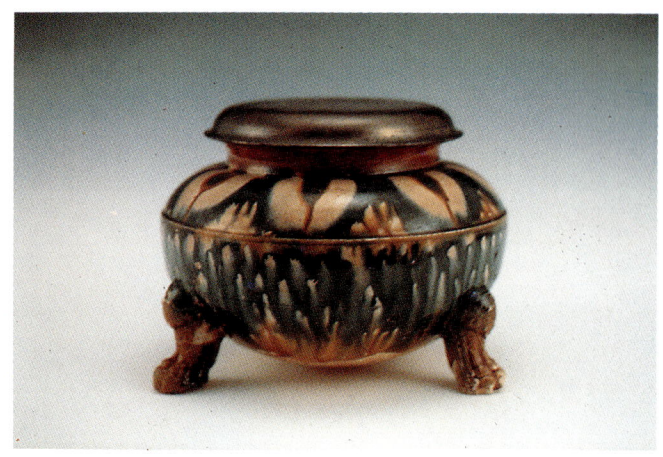

청동제 뚜껑 위 왼쪽의 굽 없는 접시 모양의 그릇은 아래 경주 조양동 출토 당삼채
뼈항아리 뚜껑으로 쓰인 것과 같은 형태이다.

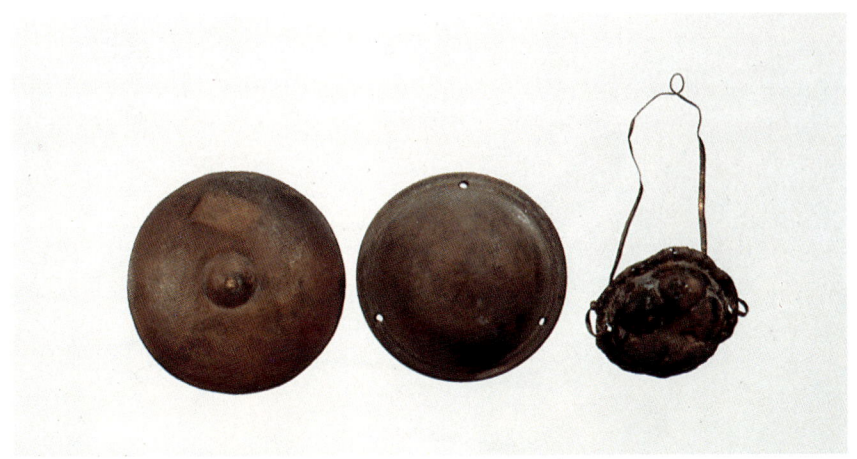

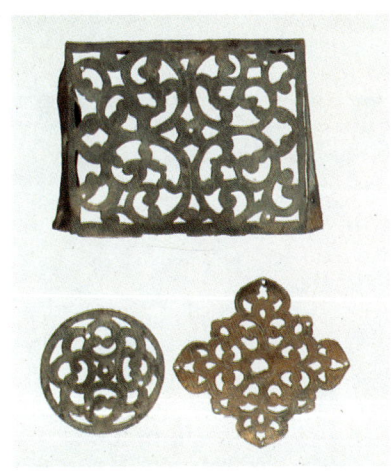

금동제 각종 장식 아래의 위는 특수한 목조물의 창방의 마구리(가로 15.2센티미터,
 세로 12.5센티미터) 장식으로 보상화와 연꽃이 투조로 장식되었다. 위의 오른쪽
 2점의 둥근 장식은 대문에 부착했던 것이다.

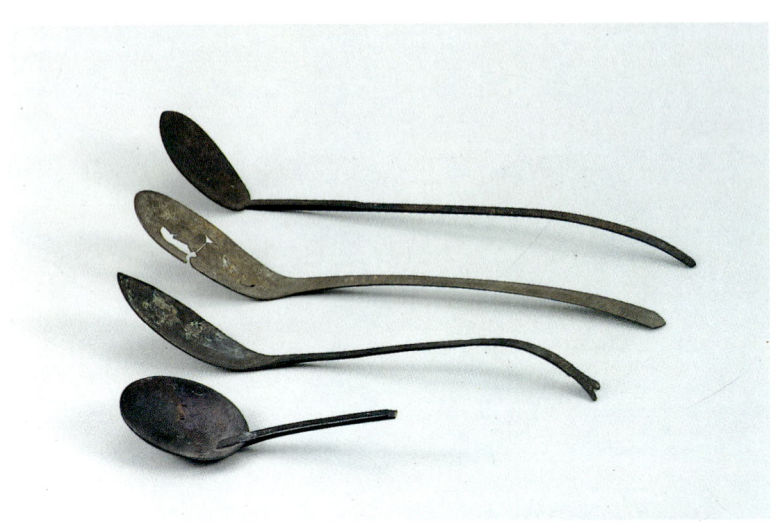

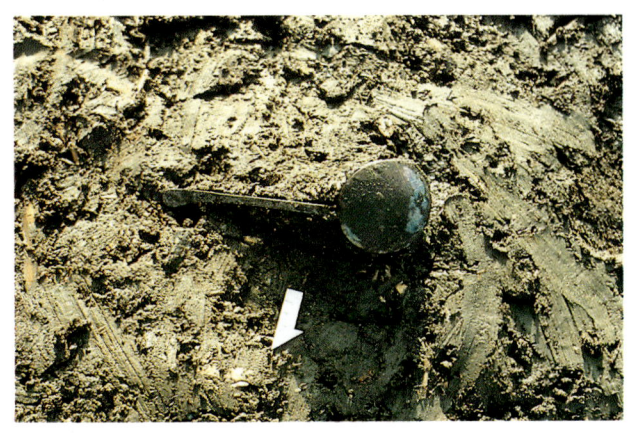

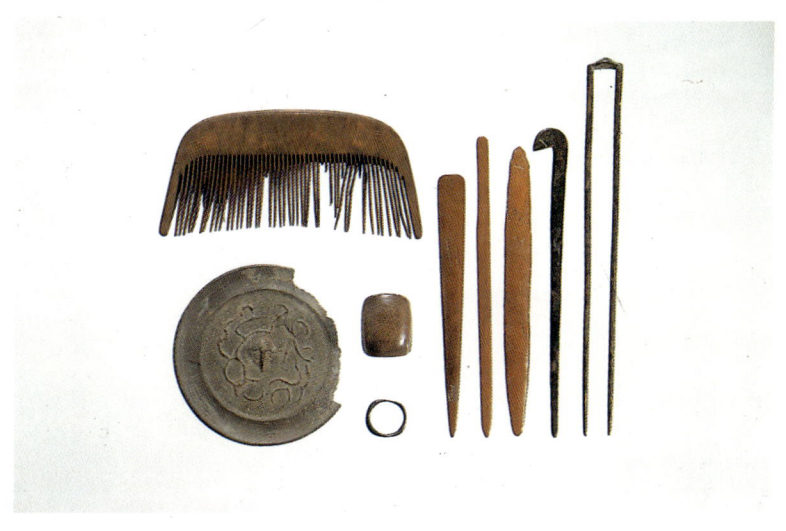

청동 숟가락 음식을 담는 부위가 둥근 것, 타원형, 긴 타원형, 버들잎 모양 등 여러
  형식이 있다.(왼쪽 위)
숟가락 출토 상태(왼쪽 아래)
일상 생활 용구 왼쪽부터 빗, 거울, 골무, 반지, 머리가리개, 동곳(길이 19.3센티미터)
  등이다.(오른쪽)

금동 용두 용머리의 내부가 비어 있고, 못 구멍이 있는 점으로 보아 의자 장식 때 부착
되었던 것으로 보인다. 가로 16.4센티미터, 세로 10.7센티미터.(위)
금동 연봉형 장식 난간 등에 꽂았던 장식품이다.(아래)

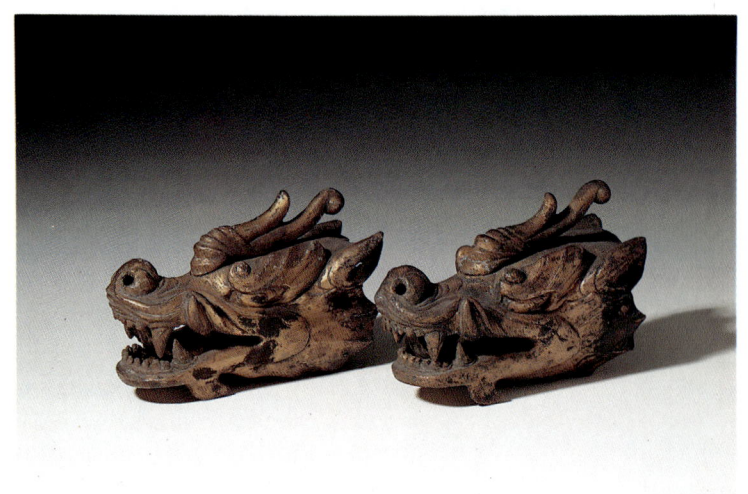

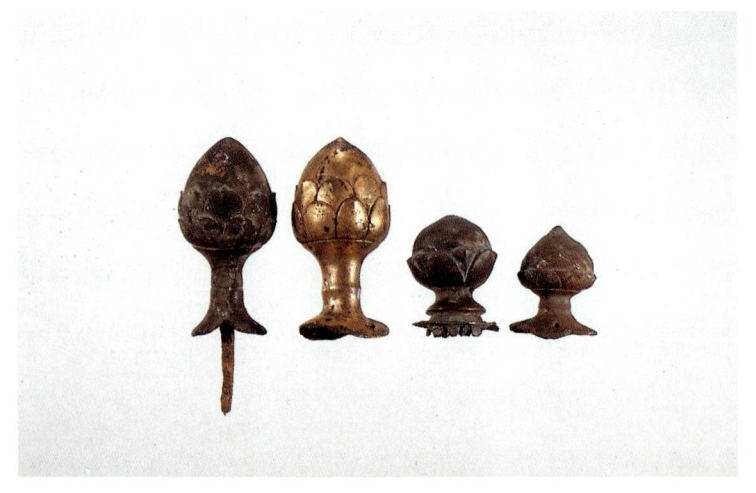

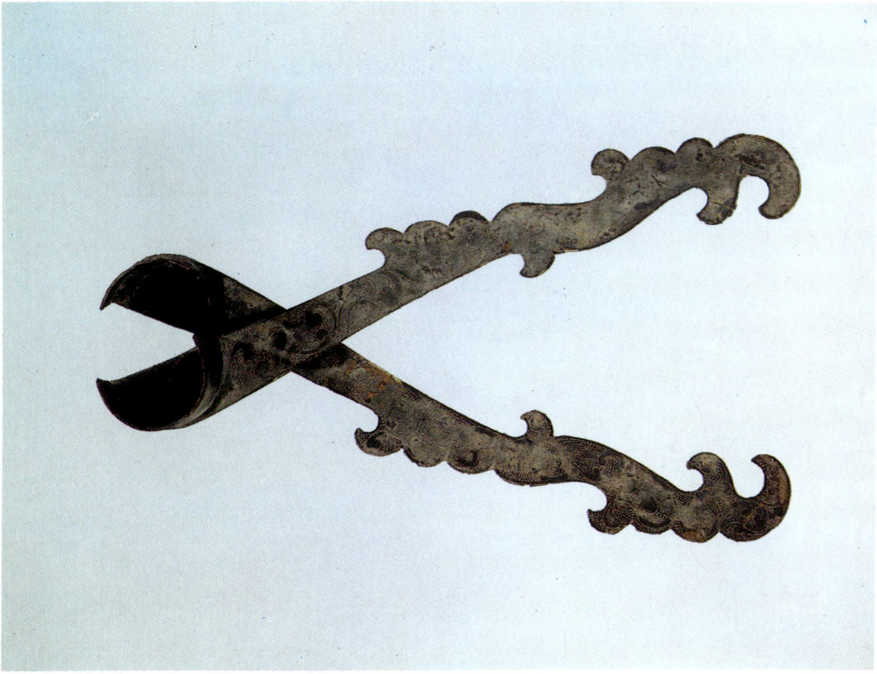

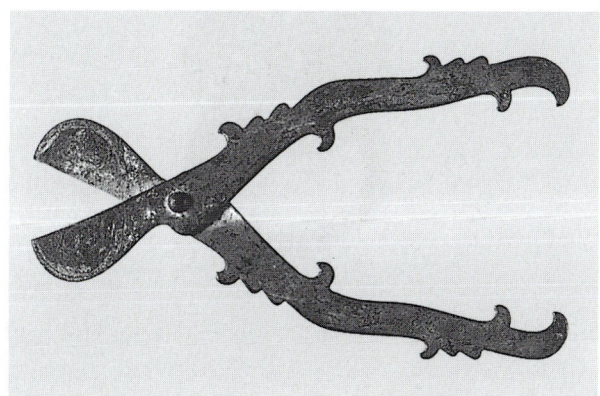

금동 가위 등잔의 심지를 자
르는 데 사용하던 가위이다.
손잡이 쪽에 당초문과 어자
문이 정교하게 새겨져 있다.
길이 25.5센티미터.(위)
금동 가위 길이 22.6센티미터,
일본 정창원 소장.(왼쪽)

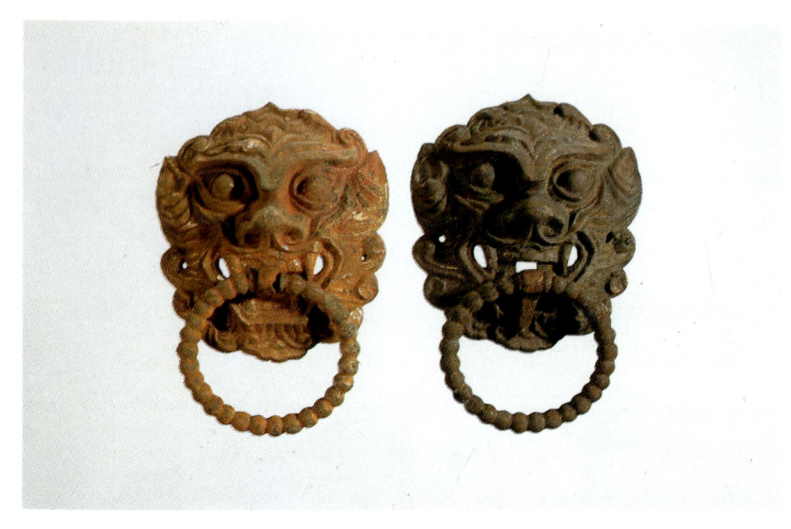

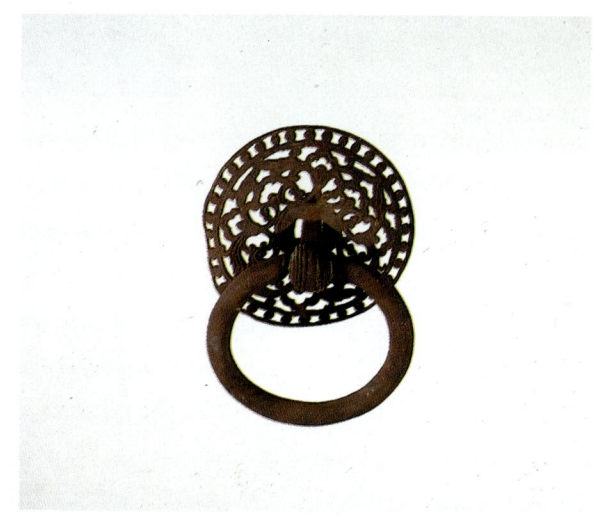

금동 귀면 장식 문고리 왼쪽의 크기는 가로 9.2센티미터, 세로 10.4센티미터이다. 귀면에 금물을 칠한 흔적이 남아 있다.(위)
금동 투조 문고리 장식 원판 지름 14센티미터, 고리 지름 13.5센티미터. 주위에는 연주문, 안에는 보상화 무늬를 투조하였다.(아래)

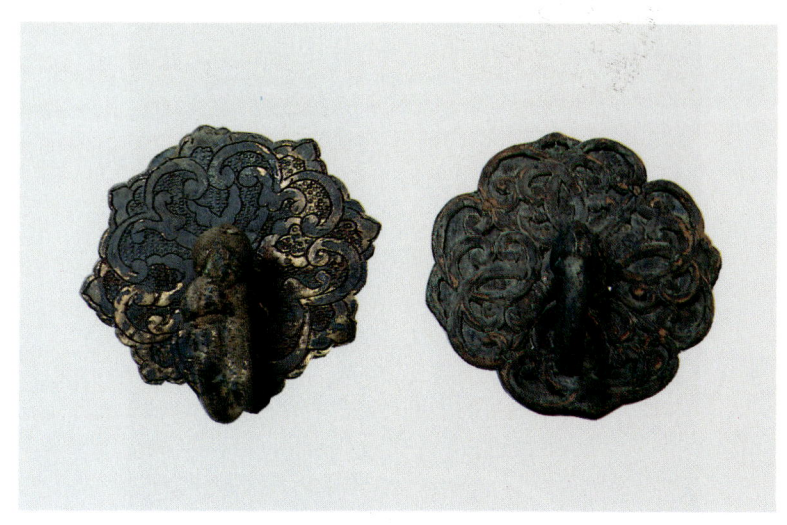

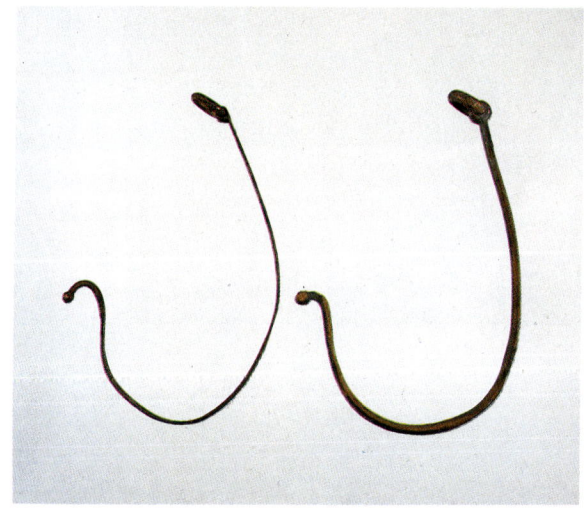

금동 옷걸이 장식 가로 8.5센티미터.(위)
금동 발걸이 장식 총길이 37센티미터, 높이 19.6센티미터. 문틀 등에 위쪽의 동그란
　고리를 고정시킨 뒤 휘어진 공간 안으로 발을 말아 놓는 발걸이 장식이다.(아래)

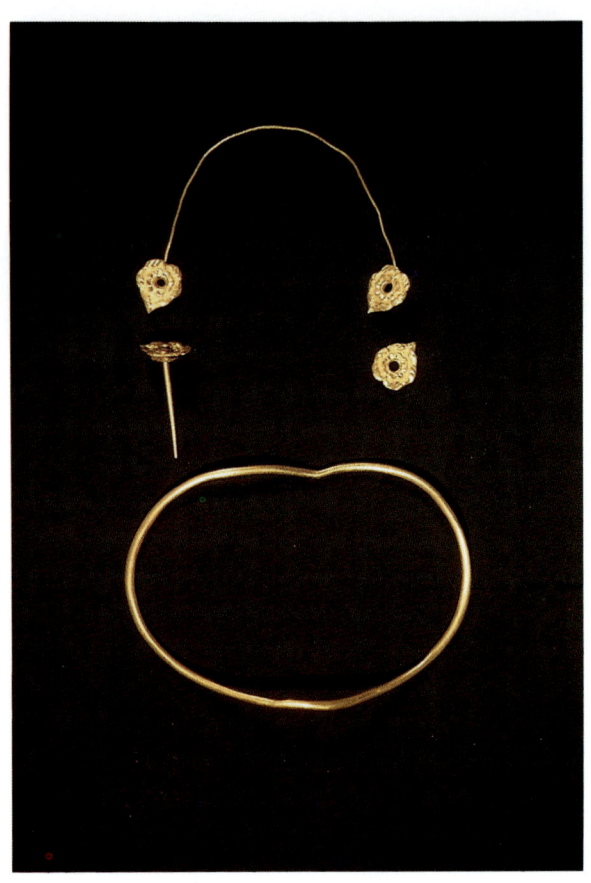

순금 장식 중간에 있는 못 길이 4.8센티미터. 연꽃 잎 모양의 장식에는 가운데 순금제 못을 박게 되었으며, 타원형의 둥근 테는 안쪽으로 홈이 패어 있어 어떤 물체의 테두리로 장식되었던 것 같다.

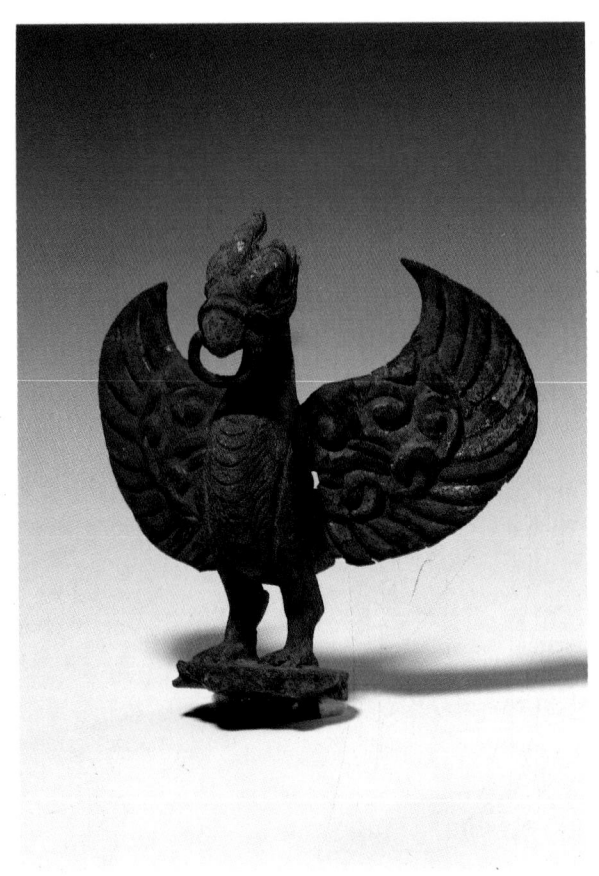

금동 봉황 장식 주물로 제작된 봉황의 몸체에 날개를 따로 붙인 장식구이다. 봉황의 발 밑에 둥근 받침대가 붙어 있어 어떤 물체 위에 부착하도록 되어 있다.

불상

못 서쪽 5개소의 건물터를 중심으로 한 연못 안의 갯벌층에서 많은 불상들이 출토되었다. 특히 못에 접한 서쪽 건물터 가운데 제일 큰 건물이었던 제3건물터 주변에서 금동 광배편(金銅光背片), 광배 장식 수정(水晶)과 다량의 화불(化佛)들이 출토되었다.

이들 불상은 그 형태와 만든 방법이 다양하고, 제작 시기가 7세기에서 10세기 초에 걸쳐 있어서 통일신라 불상 연구에 귀중한 자료가 되고 있다.

이처럼 안압지에서 많은 불상이 출토된 것은 당시 신라에 호국불교가 성행하였던 점과 이 궁궐(東宮) 안에 내불당(內佛堂)이 있었던 것과 관련된다고 볼 수 있다.

출토된 주요 불상과 불구류를 살펴보면, 금동 아미타삼존 판불 2구, 금동 보살 판불 8구, 금동 여래 입상 6구, 금동제 부처님 귀(길이 16센티미터), 다수의 금동 광배편, 광배 등에 입체적으로 장식되었던 수많은 화불, 보주, 비천공양상 등이 있다.

금동제 판불 판불(板佛)이란 금동의 판면(板面)에 부처나 보살 등의 형상을 표현한 것으로, 제작 방법에 따라 주조(鑄造) 판불, 단조(鍛造) 판불, 타출(打出) 판불로 크게 구분된다. 우리나라 판불은 대개 통일신라 전후에 주조법을 사용해서 이루어졌으며 중국이나 일본의 판불은 타출법을 사용했다.

안압지에서는 아미타삼존 판불, 보살 좌상 판불 등 10구가 출토되었다. 이들은 모두 실납법(失蠟法)으로 주조되었다. 실납법이란 밀납으로 만들고자 하는 불상의 모습을 조각하고, 그 조각 주위에 고운 흙을 씌워 말린 후, 밖에서 불로 납을 녹여 낸 다음 그 공간에 녹인 동(銅)을 부어서 만드는 방법인데 정교한 공예품이나 조각의 기법으로 고대부터 사용되어 온 방법이다.

74, 75쪽 사진

이 판불들은 불감(佛龕) 같은 곳에 장치할 수 있도록 판불의 밑부분에 장방형의 촉(鏃)이 2, 3개씩 달려 있으며 거의 일정한 간격으로 광배 가장자리를 돌아가며 모두 8개의 못 구멍이 나 있다. 불감과 관련된 유물로 "佛龕第一"이라고 음각된 옻칠 소형 목제 판이 안압지에서 출토되어 불감에 이 판불들을 안치했던 것을 알 수 있게 해준다.

판불 가운데 대표가 되는 아미타삼존 판불은 본존불의 앉는 자세에 따라 길상좌(吉祥坐;석가모니가 보리수 아래에서 성도할 때 앉은 자세로, 왼발을 먼저 오른쪽 넓적다리 위에 놓고, 다음에 오른발로 왼다리를 누르는 모습) 불상과 항마좌 불상의 두 가지가 있는데, 본존의 머리카락이나 손가락 모습, 보살의 지물(持物) 등이 각기 달리 표현되었다. 이 가운데 길상좌의 판불은 거의 완형이다. 본존은 소발(素髮)에 원만한 부처님 얼굴과 설법인(說法印)으로 화려한 연꽃 이중 대좌(臺座) 위에 당당히 앉아 있다. 그 좌우에는 대칭으로 협시보살이 허리를 한껏 휘어지게 하고 서 있다. 본존과 보살에 별도의 두광(頭光)이 있고, 이를 감싼 거신광배가 전체를 삼곡형(三曲形)으로 연결시키고 있어서 완벽한 삼존 구도를 느낄 수 있다. 통일신라 전기의 불상 가운데 대표적인 작품으로 꼽히고 있다. 74쪽 사진

광배(光背) 다수의 광배편이 출토되었는데 이 중 완형이 1점, 파손되었으나 원형을 복원할 수 있는 것이 1점, 그 외는 전부 단편으로 파손된 것이다. 제작 시기는 7세기 후반에서 10세기 초에 이른다. 72쪽 사진

이 가운데 대표적인 광배는 원형으로 복원된 7세기 후반에 제작된 배 모양의 금동 광배이다. 이 광배는 입체적 화불 장식이 없는 일반형으로 광배의 내구(內區)에는 중앙에 불상을 고정시켰던 네모난 구멍이 있을 뿐 전혀 문양이 없으며 외구(外區)에는 당초문이 정교하게 투조되어 있다. 외구와 화염문대 사이의 경계선에는 꽃무늬가 배치되었고 맨 위의 꽃무늬 바로 위에 화불이 사실적으로 조각

출토 유물 71

되었으며, 화염문은 당초문 장식으로 화려하게 투조하였다. 정교하게 투조된 당초문이나 화염문의 두께는 1밀리미터 정도이다. 이 광배의 주인공인 불상의 크기는 20센티미터 정도로 추정되나 발견하지 못하였다.

완형의 화불 장식 광배는 통일신라 최말기의 광배 형태지만, 광배에 화불, 보주 등이 장식되어 있어 광배 장식의 배치를 확실히 알 수 있게 되었다.

73쪽 사진 이 밖에 광배 등에 입체적으로 화려하게 장식되었던 금동제 화불, 천인상(天人像), 천개(天蓋), 신장상(神將像), 사리장래상(舍利將來像), 보주 장식 등이 다량으로 출토되었는데 모두 부조(浮彫), 선조(線彫), 축조(蹴彫;끝이 편평한 작은 끌을 세워서 가볍게 두들겨 만드는 선각법으로 이 각선은 삼각형의 점의 연속으로 되어 있다) 등 다양한 기법으로 만들어졌다.

금동 광배 외구와 화염문대 사이의 경계선에 꽃무늬가 배치되었고 맨 위의 꽃무늬 바로 위에 화불이 조각되었다. 길이 30센티미터.

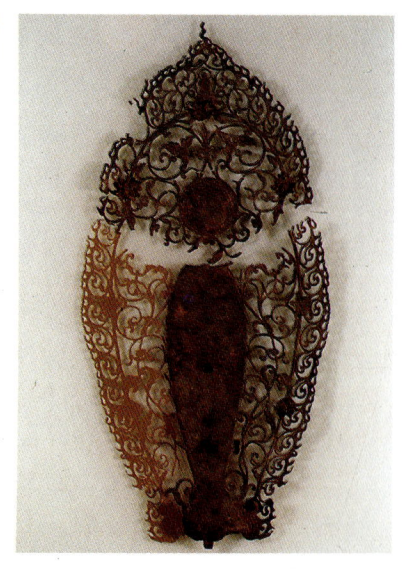

금동 주악상 횡저를 불고 있는 상으로 전체 높이 4.1센티미터의 작은 상임에도 불구하고 자세히 표현되었다.(위)

금동 화불 장식용으로 제작된 것으로 보이는 여러 종류의 화불들이다.(아래)

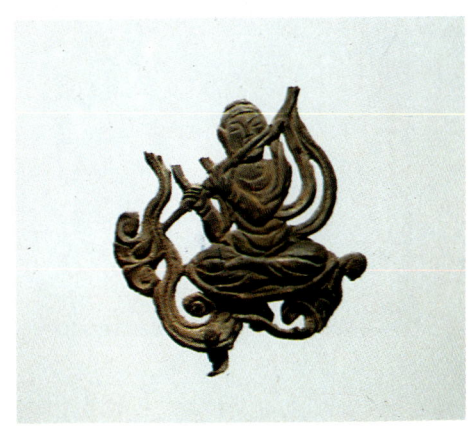

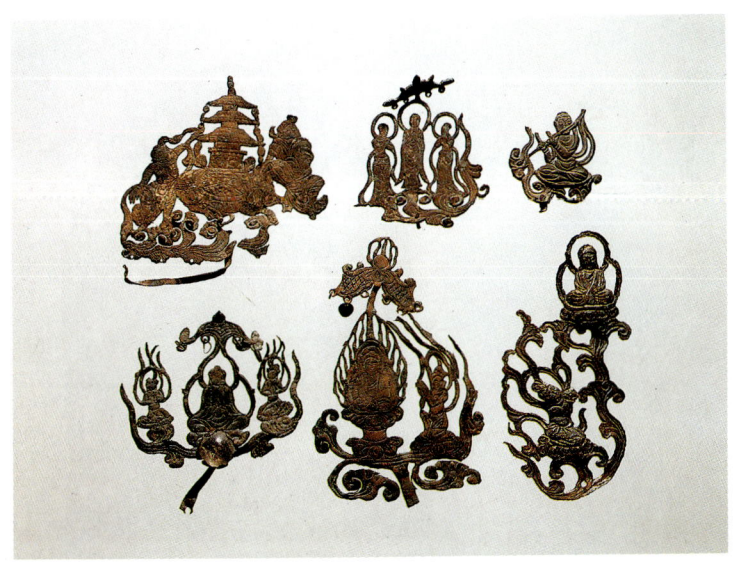

아미타삼존 판불 가로 20.3센티미터, 세로 27센티미터. 본존과 보살에 별도의 두광이 있고, 이를 감싼 거신광배가 전체를 연결하고 있다. 통일신라 전반기의 불상 가운데 대표적인 작품으로 꼽히고 있다. 아미타삼존 판불의 앞면과 뒷면이다.(위, 아래)

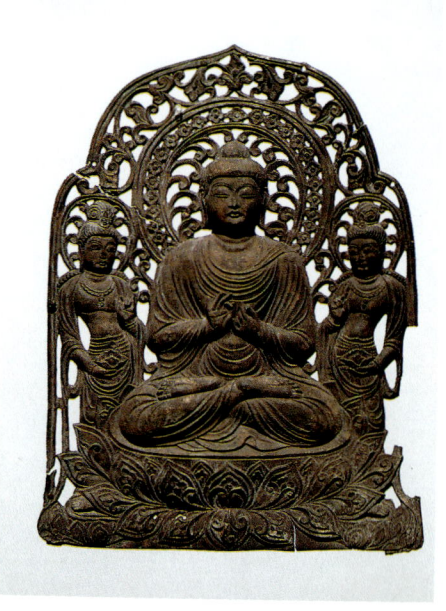

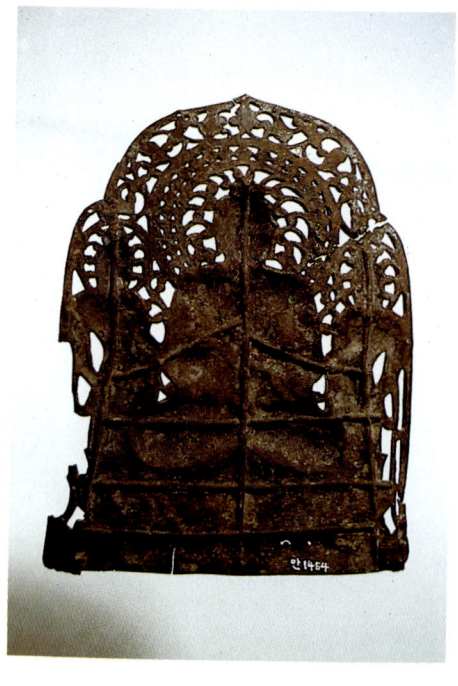

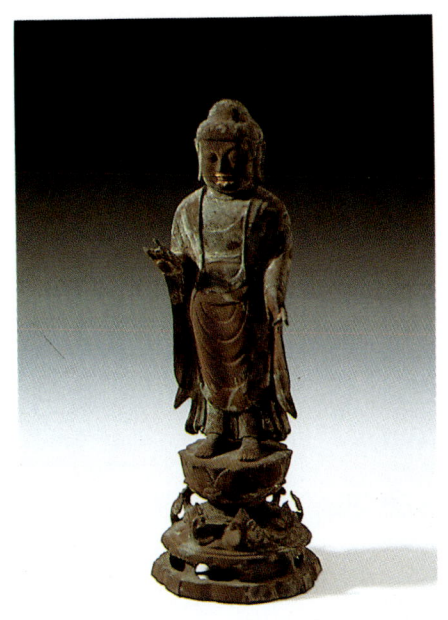

금동 여래 입상 높이 35센티미터의 이 상은 얼굴을 비롯한 곳곳에 금 도금의 흔적이
남아 있다.

목제품

80쪽 사진 우리나라의 고대 유물 중 목제품은 많지 않은데 이것은 우리나라
의 토양이 산성인 탓에 땅에 묻혔던 것이 오래 보존되지 못한 때문
이다. 그런데 안압지에서는 바닥의 갯벌층 속에서 많은 목제품들이
부식된 채로 출토되었다.

출토품 가운데는 통일신라 건물 양식을 엿볼 수 있게 하는 목제
건축 부재의 파편들, 당시의 글이 적힌 목간(木簡)들, 그 밖에 신앙
이나 생활에 관계되었던 유물들이 많아 당시 생활상을 이해하는
데 매우 귀중한 자료가 되고 있다.

주요 유물로는 건축 부재 파편인 난간, 부연(浮椽), 첨차(檐遮),
주두(柱頭), 연목(椽木), 평교대(平交臺), 나무배(木船), 노(櫓), 물마
개, 목간(木簡), 주사위(酒令具), 남근(男根), 인물목상(人物木像)
등이 있다.

77쪽 위 사진 **건축 부재** 주로 못에 접해 있는 제2, 3건물터 앞에서 출토되었
다. 평주(平柱), 귀공포에 사용되었던 첨차 4점, 굽의 모양을 강한
곡면(曲面)으로 처리한 주두(柱頭), 주칠(朱漆)이 남아 있는 서까
래, 못(方頭釘)이 박힌 채 출토된 부연, 오늘날의 것과 동일한 수법
으로 만들어진 연암, 난간동자주, 난간소로, 난간살대, 소로간벽
(소로 사이의 災壁材) 등의 건축 부재가 출토되어 당시의 목조 건축
양식을 엿볼 수 있게 되었으며, 아울러 현재 안압지 서쪽에 복원된
3동의 건물은 이 유물들을 근거로 세운 것이다.

77쪽 아래 사진 **배** 완형 1척과 2척분의 파편들이 출토되었다. 완형의 배는 연못
동쪽 반도(半島)처럼 돌출된 호안석축 바로 앞에서 엎어진 상태로
발견되었다. 이 배는 3개의 소나무를 통으로 파서 배 모양을 형성한
후 참나무로 만든 비녀장 형태의 막대기를 배 안쪽 바닥의 앞뒤에
하나씩 가로질러 조립되었다. 당시의 놀잇배로 추정되고 있으며

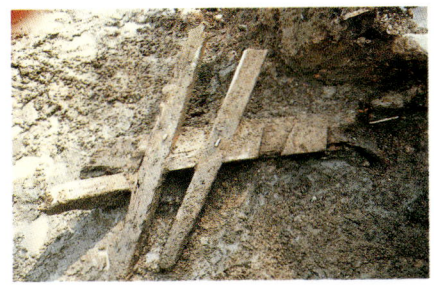
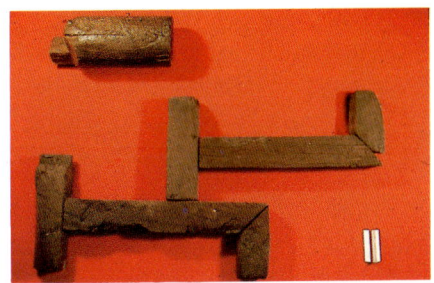
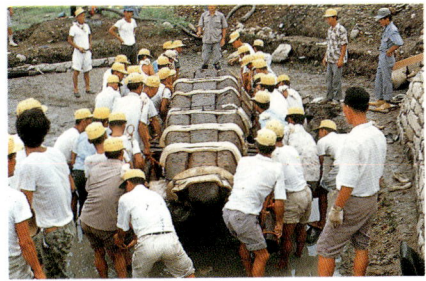
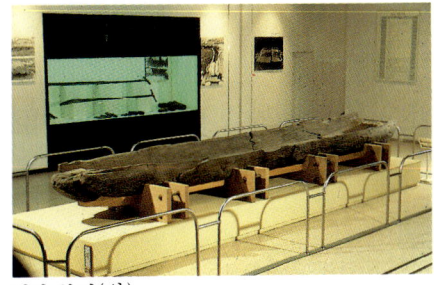

건축 부재 출토 상태(위)
출토된 목선을 옮기는 장면(아래)

난간 부재(위)
전시된 목선(아래)

우리나라에서 이제까지 발견된 배로서는 가장 오래 된 것이다. 현재
우리가 국립경주박물관에서 볼 수 있는 이 배는 수년 동안의 경화
(硬化) 처리를 거친 것이다.

  노(櫓) 형태가 복원될 수 있는 완형 5점과 파편들이 여러 점
출토되었다. 길이는 168~235센티미터로 다양하며 형태는 오늘날
의 노와 비슷하다.

  주사위(酒令具) 잔치 때 흥을 돋구는 놀이구의 일종으로, 이것을   81쪽 사진
굴려 위로 향하는 면의 내용에 따라 행동을 하도록 되어 있다.

  정방형(가로, 세로 2.5센티미터)이 6면, 육각형(2.5×0.8센티미
터)이 8면으로 기하학적인 조화를 이루었으며 그 크기도 손에 알맞
게 아담하며(높이 4.8센티미터), 재질은 참나무이다. 통일신라시대

풍류의 한 면을 알 수 있게 해주는 귀중하고 재미있는 자료이지만 내용을 완전히 파악하는 것은 어렵다.

그 내용을 보면 소리 없이 춤추기(禁聲作儛), 덤벼드는 사람이 있어도 가만히 있기(有犯空過), 술을 다 마시고 크게 웃기(飮盡大咲), 여러 사람이 코 때리기(衆人打鼻), 스스로 노래 부르고 스스로 마시기(自唱自飮), 술 3잔 한번에 가기(三盞一去), 팔뚝을 구부린 채 다 마시기(曲臂則盡), 얼굴을 간질러도 꼼짝 않기(弄面孔過), 누구에게나 마음대로 노래를 청하기(任意請歌), 월경 한곡 부르기(月鏡一曲), 스스로 괴래만(노래 이름)을 부르기(自唱怪來晚), 시 한 수 읊기(空詠詩過), 술 2잔이면 즉각 마시기(兩盞則放), 추물을 내치지 않기(醜物莫放) 등이다.

이 주령구는 못의 서북쪽 호안석축에서 동으로 165센티미터 되는 지점인 바닥 갯벌층에서 출토되었다.

81쪽 사진 　**남근**(男根)　고대 사회로부터 내려온 남근 숭배 사상과 민간 신앙의 하나로서 수렵, 어로, 목축, 농경의 풍요와 다산(多産)을 기원하는 의미가 내포된 주술물(呪術物)이다. 따라서 청동기시대의 반구대암각화(盤龜臺岩刻畵), 신라시대 고분 출토품인 토우(土偶) 등에 강하게 표현되어 있다.

안압지에서는 4점이 출토되었는데(총길이 13~23센티미터), 모두 사실적으로 만들어졌으며, 재료는 소나무이다. 이와 같은 형태의 남근이 일본 평성궁(나라시에 있다. 8세기 초 정치, 경제, 문화의 중심 도시인 평성경의 중심 궁이다) 유적의 우물에서도 출토되었다.

79쪽 사진 　**목간**　나무편을 얇게 깎아 여기에 기록하여 문서나 편지의 기능을 가진 것을 말한다. 중국이나 일본에서는 많이 출토되었으나 우리나라에서는 안압지에서 처음 출토되었다.

여러 가지 형태를 하고 있으나 길이는 대체로 9~23센티미터,

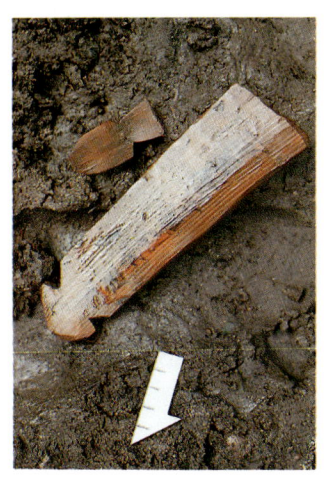
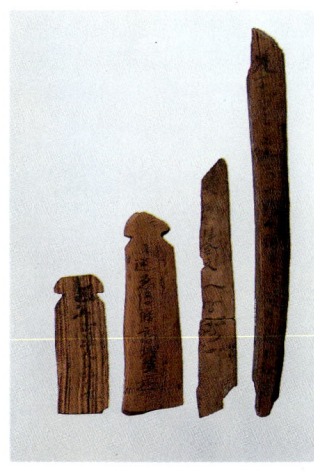

목간(木簡) 노출 상태(왼쪽)
여러 가지 형태의 목간(오른쪽)

두께는 0.5~1.5센티미터이다. 이 가운데는 위쪽의 양 측면을 에워홈을 낸 것이 있는데 이것은 실로 묶어 건물 외벽이나 문에 걸었던 것으로 생각된다. 또 상태가 극히 양호하며 묵서(墨書)된 흔적이 전혀 없는 것도 있는데 이것은 다시 사용하기 위해 면을 깎아 놓은 것으로 보인다. 이러한 예는 일본 평성궁 유적에서 20,000여 점의 목간이 출토되었는데 이 가운데 70%가 재사용되었던 것임을 보아도 알 수 있다.

글씨는 예서(隸書)나 행서(行書)를 먹으로 쓰거나 음각으로 새겼으며, 어떤 목간은 낙서하듯이 같은 글자를 몇 번 연습한 것도 있고, 사람의 얼굴을 그린 것도 있다.

목간의 내용 가운데 관부(官府)인 세택(洗宅), 관등명인 한사(韓舍;통일신라 17관등 중 제12관등에 해당), 인명인 사림(思林), 중국 연호인 천보(天寶), 보응(寶應) 등이 있어 대부분 8세기 중엽 경덕왕대에 만들어진 것을 알 수 있다. 출토된 목간(102점)이 완독(完讀)되면 통일신라사 연구에 많은 도움을 줄 귀중한 자료가 될 것이다.

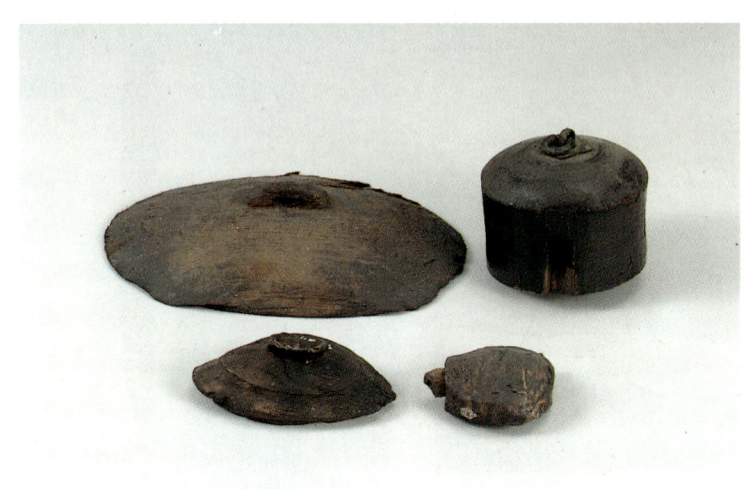

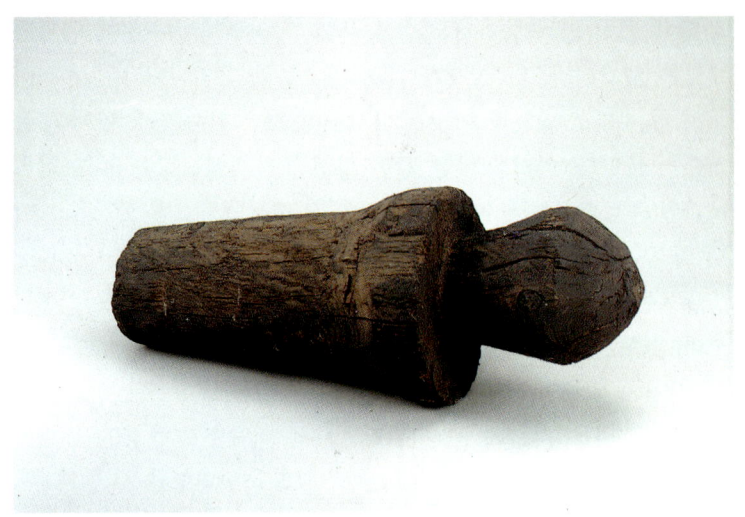

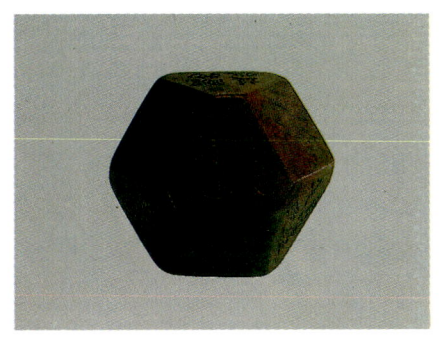
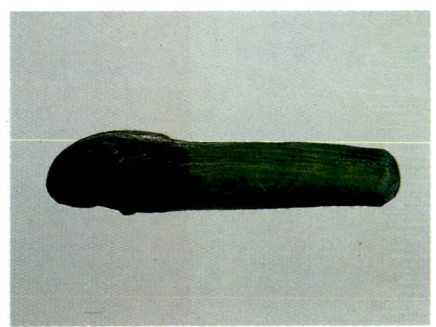

여러 가지 목제 장식 우리나라의 고대 유물 가운데 목제품은 많지 않은데, 이것은
우리나라의 토양이 산성인 탓에 땅에 묻혔던 것이 오래 보존되지 못한 때문이다.
그런데 안압지에서는 바닥의 갯벌층 속에서 많은 목제품들이 부식된 채로 출토되었
다. 거북 길이 4센티미터.(왼쪽 위)
목제 물마개 수로를 막아 수량을 조절하던 길이 50센티미터의 물마개이다.(왼쪽 아
래)
주사위(모조품) 잔치 때 흥을 돋구는 놀이구의 일종으로 이것을 굴려 위로 향하는
면의 내용에 따라 행동을 하도록 되어 있다.(위 왼쪽)
남근 풍요와 다산을 기원하는 의미가 내포된 주술물이다. 길이 17.3센티미터.(위 오른
쪽)

칠공예품(漆工藝品)

못의 서쪽과 남쪽 호안석축 아래 갯벌층에서 40여 점의 칠공예품이 발굴되어 통일신라 칠기사의 새 장(章)을 열게 되었다.

수습된 칠기는 대부분 작은 파편들인데, 그런 대로 형태를 알아볼 만한 것도 30여 점이나 된다. 이 가운데 용기류와 특수 용도의 칠공예품 등에서 당시 궁궐 안의 화려한 생활을 엿볼 수 있게 되었으며 이 전통 기법이 고려시대의 나전(螺鈿) 기법을 발달하게 하는 요인이 되고 있어 칠공예사에 귀중한 자료가 된다.

출토품 가운데 평탈 기법(平脱技法;칠공예 장식 기법의 일종이다. 금, 은 등의 얇은 판을 문양대로 오린 것을 목심 위에 붙이고, 그 위에 칠을 바른 후 문양 부분의 칠막을 긁어내거나 칼로 떼내어 문양을 드러나게 하는 것을 말함)으로 된 장식 등은 당시 당나라에서 성행되었던 제작 기법이 우리나라에 들어온 것이고, 또 이 기법으로 된 유물들이 일본 정창원에 소장되어 있어 삼국간의 문화 교류를 알 수 있게 되었다.

주요 유물로는 찬합(饌盒), 완(盌), 잔(盞), 발(鉢), 사용 흔적이 역력한 박달나무로 만든 칠기 벼루(風字硯), 불단(佛壇) 같은 곳에 장식되었던 평탈 부재, 용도가 분명하지않은 밀타화(密陀繪;들기름에 안료를 개어서 그린 그림) 칠기편 등이 있다.

86쪽 사진

합과 완 등 용기류의 목심은 젓나무이며, 특수 용도의 칠기 장식은 피나무를 사용하였다.

84쪽 사진

합과 완 출토된 용기의 대부분을 차지한다. 가늘고 길게 오린 나무 조각을 둥글게 틀어 올린 목심 안팎에 삼베를 바르고 옻칠을 하였다. 일부 그릇의 굽 밑에는 침각(針刻)이나 주칠(朱漆)로 된 "정(井)" "용(龍)" "본(本)" "동(同)" "모(毛)" "피궁(彼宮)" "선(仙)" 등의 글씨가 있다.

칠기 꽃장식 은(銀) 평탈 기법으로 만들어졌다. 연꽃이 중판 85쪽 사진
(重瓣)으로 조각된 8편의 목심에 꽃과 나비 모양으로 얇은 은판을
오려 붙이고 옻칠을 하여 큰 연봉오리 모양을 형성하였다. 불단
등에 장식하였던 것으로 추정된다.

칠기 장식 장방형의 구획 안에 "불감제일(佛龕第一)"이라고 87쪽 사진
음각된 명문을 새기고, 그 바깥 테두리는 연꽃잎 장식을 하였으며,
네 군데 모서리는 귀꽃의 형태로 하였다. 명문으로 보아 당시 불감
이 여러 개 있었던 것 같으며 이 칠기 장식은 제1불감에 장식되었던
것으로 추정된다(총높이 13.8센티미터).

칠기 합 출토 상태

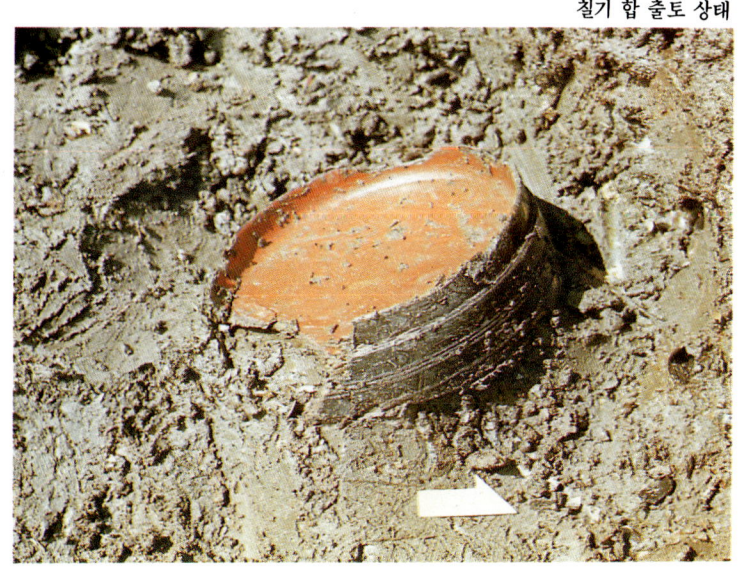

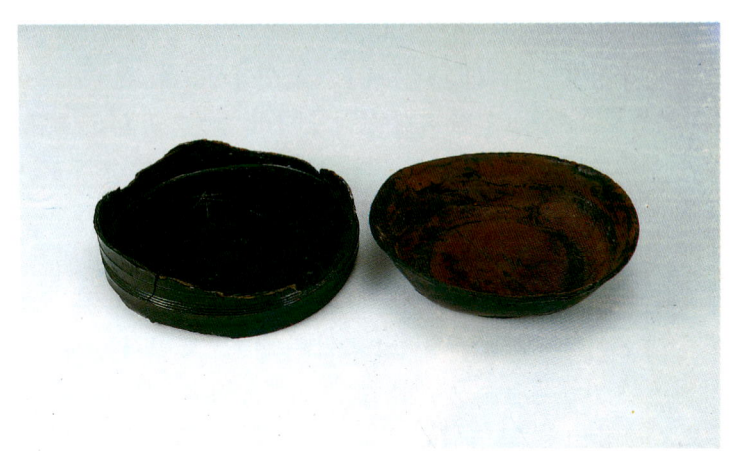

칠기 그릇 찬합과 완이다. 안쪽에 "본(本)"자가 침각되어 있다. 찬합 높이 4.7센티미
터, 지름 18센티미터.

칠기 꽃장식　연꽃이 중판으로 조각된 8편의 목심에 꽃과 나비 모양으로 얇은 은판을 오려 붙이고 옻칠을 하여 큰 연봉오리 모양을 형성하였다. 이러한 평탈 기법은 고려 시대의 나전 기법에 이어지고 있어 칠공예사에 중요한 자료가 된다.

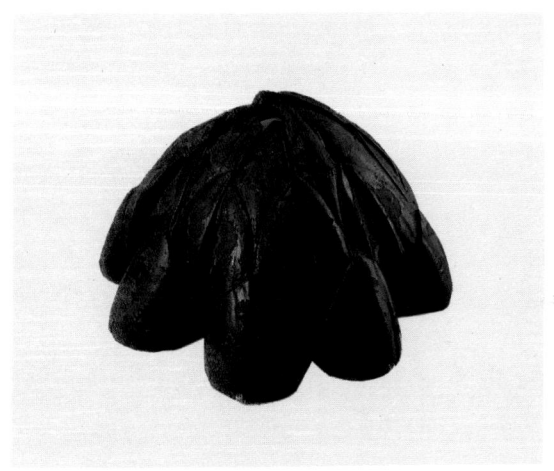

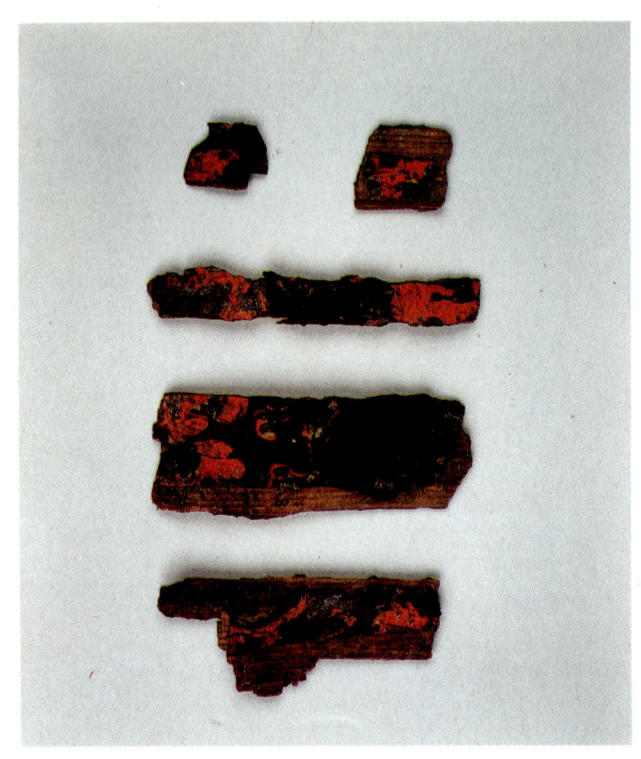

밀타회(密陀繪) 칠기편 용도를 알 수 없는 칠기편에 들기름과 안료를 섞어서 그린 밀타회가 장식되어 있다.

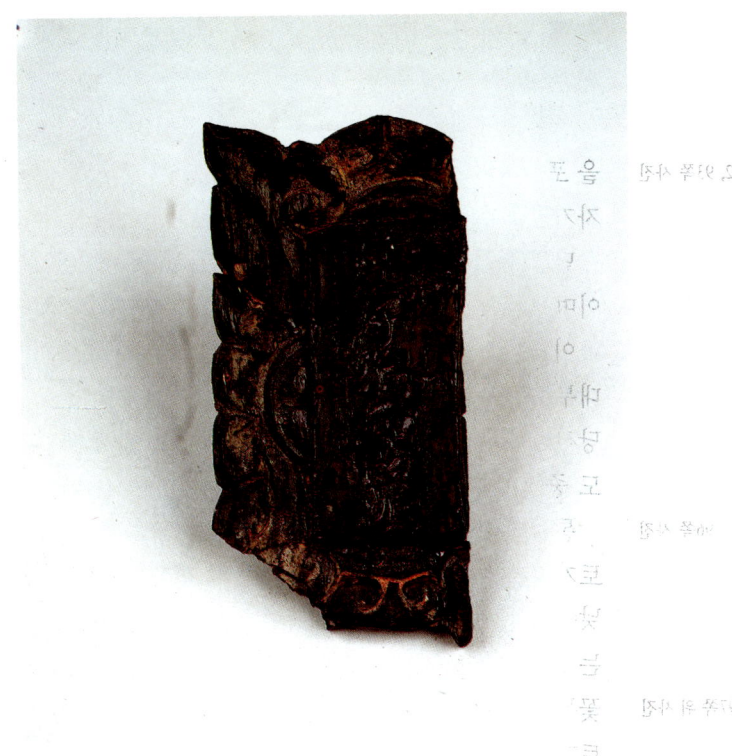

칠기 장식 장방형의 구획 안에 "불감제일(佛龕第一)"이라고 음각된 명문을 새기고 그 바깥 테두리는 연꽃잎 장식을 하였으며, 네 군데 모서리는 귀꽃의 형태로 하였다.

토도제품(土陶製品)

92, 93쪽 사진
완형을 포함하여 복원이 가능한 통일신라시대의 토기 1,600여점을 포함하여 신라 청자완(靑磁盌)편, 당 백자와 청자완편 등 다량의 자기편들이 출토되었다.

단일 유적에서 이처럼 방대한 양의 토도제품이 출토된 것은 처음이며, 다량의 자기편들은 도자기 연구에 귀중한 자료가 되고 있다.

이제까지 알려진 통일신라의 토기들은 고분에서 출토된 것이 대부분인데 비하여, 안압지 출토품들은 실생활 유적에서 출토되어 당시의 생활상을 알 수 있는 귀중한 자료일 뿐만 아니라 토기편년에도 중요한 기준이 된다.

96쪽 사진
통일신라시대의 토기는 고신라와 비교하면 그릇의 형태, 문양, 토기의 질에서 매우 다르다. 그릇의 형태는 토기의 대각(臺脚)이 낮아지는 경향이 있으며 그 종류도 다양하다. 문양은 고신라의 토기는 그릇 면에 도공이 직접 새겼으나 통일신라시대에는 구름무늬,

97쪽 위 사진
꽃무늬, 새 모양 등이 새겨진 도장을 이용하여 그릇 면에 찍었다. 토기의 질은 굽는 온도가 고신라에 비해 낮아서 굳기(硬度)가 약하나 그릇의 표면에 탄소를 입혀 그릇 면에 검은 광택을 내고 있는

토기 출토 상태

것이 많다.

출토품 가운데 주요 토기로는 실생활에 사용하기 편리했던 굽다리접시(高坏), 완(盌), 뚜껑, 접시가 대부분을 차지하고 있으며, 이 밖에 등잔, 이형 그릇 뚜껑(異形器蓋), 뼈단지(骨壺), 장군형 토기(缶), 주형(注形) 토기, 시루, 반형(盤形) 토기, 풍로, 매병형 토기 등이 있으며, 주요 자료가 되는 토기편으로는 신라 녹유 토기편과 인화문 장군형 토기편(印花文缶片) 등이 있다.

93쪽 사진

99쪽 사진

이 밖의 기타 토도제품으로는 낚시나 실을 짜는 데 관련되는 그물추, 가락바퀴(紡錘車)와 금속 등을 녹여 물건을 만드는 데 쓰이는 용기인 도가니(坩堝) 등이 있다.

100쪽 아래 사진

묵화문 완(墨畵文盌)　그릇의 바닥이 둥글며, 구연부 바깥에 1조(條)의 침선(沈線)이 둘러져 있다. 그릇 바깥 면에 먹으로 구름무늬, 꽃무늬를 그리고 "언(言), 정(貞), 다(茶)" 3자를 일정한 간격으로 썼다. 정선된 태토를 사용했으나 소성도(燒成度)가 매우 낮다. 그릇 바깥 면은 백회색(白灰色)이고 안쪽의 대부분은 흑회색이다. 그릇의 형태, 글씨, 그림 등이 조화를 이루고 있으며 글자 중에 차와 관련된 '茶'자가 있어 당시의 차그릇으로 추정된다.

94쪽 사진

풍로　화구(火口)와 연통을 갖추었다. 위쪽에는 다른 그릇을 걸어 끓일 수 있도록 크고 작은 2개의 둥근 구멍이 뚫려 있다. 화구에는 바깥 가장사리에 점토대(粘土帶)의 띠를 덧붙여 화력의 소모를 막았으며, 풍로 안쪽이나 천장부에는 불에 그을린 흔적이 남아 있다.

98쪽 위 사진

풍로 바깥 면에는 침선을 2줄 둘러 세 구로 나누어 문양을 새겼다. 맨 위에는 새가 나는 문양을 등간격으로 찍었으며, 가운데의 상하에는 손톱 모양의 시문구(施文具)로 눌러 찍고 그 안에는 4각 점열문을 찍었다. 회색 경질계로서 태토에는 고운 모래가 배합되어 있다.

등잔　157점이나 출토되었다. 대체로 직경 10센티미터 이내이다. 안쪽이 검게 그을었으며 기름찌꺼기가 벽에 부착되어 있다. 형태는 세 가지로 구별되며, 태토는 거칠고 소성도도 낮다.

97쪽 가운데 사진 **문자 있는 토기** 접시나 완의 바닥 또는 안팎에 먹으로 글자를 쓰거나, 음각하거나 도장 등으로 찍었다. 글씨에는 '신심용왕(辛審龍王)' '용왕신심(龍王辛審)' '용(龍)' '본궁신심(本宮辛審)' '세택(洗宅)' '주발(酒鉢)' '천(天)' '규(圭)' '정(井)' '동(東)' '회(會)' '우(右)' 등이 있다. 이 가운데 '용왕신심'의 글자가 있는 토기들은 당시 민속 신앙과 관련이 있는 듯하며, 바다 속의 용왕을 용왕신으로 모신 것 같다. 그리고 이 토기들은 당시 동궁(東宮) 안에 용왕전(龍王典)이라는 부서가 있었기 때문에 이곳에서 의식을 행할 때에 사용되었던 것으로 추정된다. 도장으로 찍은 글씨나 문양 등은 토기 제작소의 표시를 나타낸 듯하다.

98쪽 아래 사진 **십구팔옹명 대옹**(十口八瓮銘大甕) 출토된 토기 중에서 제일 큰 항아리이다. 기벽이 두꺼우며 구연부는 넓게 외반되었고 바닥은 뾰족하여 땅에 묻어서 사용했던 것 같다. "十口八瓮"의 글자가 음각되어 있는데 이것은 열 식구가 한 겨울을 보내려면 항아리 8개 분의 식량이 있어야 된다(十口之家八瓮過冬)는 글에서 줄여진 것이라고 하나 그 원전(原典)은 알 수 없다.

이 대옹은 수습된 파편들을 붙여 복원되었으며, 그릇의 형태로 보아 술 등의 액체류를 담았던 것으로 추정된다(전체 높이 147센티미터, 입부분 직경 57센티미터).

101쪽 사진 **벼루** 당시 문방구(文房具)로 실제 사용했었던 것이 다량 출토되었다. 형태에는 둥근 평면에 벼루의 받침이 여러 개의 다리로 되어 있는 백족연(百足硯)과 평면이 둥글며 원통형의 대(臺)로 벼루 몸체를 받친 것의 두 종류로 크게 분류된다. 비교적 소성도가 높으며 흑회색을 띠었다. 이 가운데는 먹이 묻어 있는 것도 있고 오래 사용해서 벼루 면이 닳은 것도 있다.

재질로 나누어 보면 돌벼루, 녹유 벼루, 칠기 벼루, 토제 벼루 등 각종의 벼루가 많았음을 알 수 있게 되었다.

단청용 그릇(丹靑容器)　건물에 단청을 할 때 안료를 담아 쓰던 토기들로 그릇의 안팎에 붉은 석간주(石間朱)가 묻어 있다. 이 가운데 손잡이 달린 단지(廣口兩耳壺)에는 단청 문양을 그릴 때 주황색을 내는 데 쓰는 단청 안료인 장단(長丹)칠이 묻어 있었다. 또 다른 항아리(廣口圓底壺) 2점은 그릇의 바깥 면과 안쪽 전체에 석간주가 칠해져 있었고, 그릇 바깥 면에는 불에 그을린 흔적이 있어 단청 안료를 넣고 끓여 이것을 필요한 양만 용기에 담아 썼던 것으로 보인다. 이 밖에도 안료가 묻은 흔적이 있는 토기들이 다수 출토되었다.

95쪽 사진

매병형 토기　높이가 40~50센티미터의 대형 그릇들로 고려 청자 매병을 연상하게 한다. 통일신라 말기의 토기로서 고려 토기로 넘어가기 직전 단계의 것으로 추정된다. 태토는 정선된 것을 사용하였고 흑회색이다.

96쪽 사진

고구려 쌍령총 벽화에서 대들보 위에 이와 형태가 유사한 토기에 꽃을 꽂은 것과 비교가 되어 아마도 잔치 때 이러한 토기들에 꽃을 꽂았던 것으로 추정된다.

도가니(坩堝)　금속, 유리 등을 녹여 물건을 만드는 데 쓰이는 용기로, 높은 온도에서 견뎌 낼 수 있도록 거친 태토를 사용하여 구웠다.

100쪽 위 사진

모두 4점이 출토되었는데 세 가지 형태로 나누어지며, 이 중 입술 부분에 홈 모양의 주구(注口)가 달린 완(盌) 모양의 도가니는 우리나라에 현존하는 도가니 20여 점 가운데 용적이 500입방 센티미터로 가장 크다. 이들 도가니에 청동이나 금(金)의 흔적이 표면에 남아 있어, 이곳에서 직접 금동 불상이나 화불(化佛)들을 제작했던 것으로 추정된다.

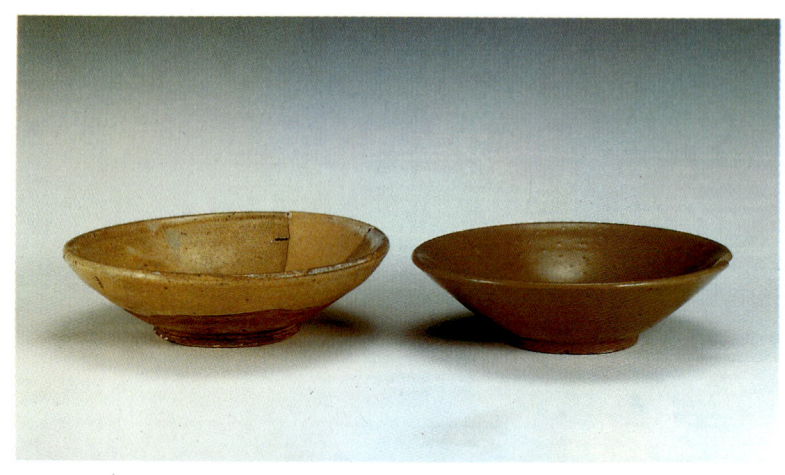

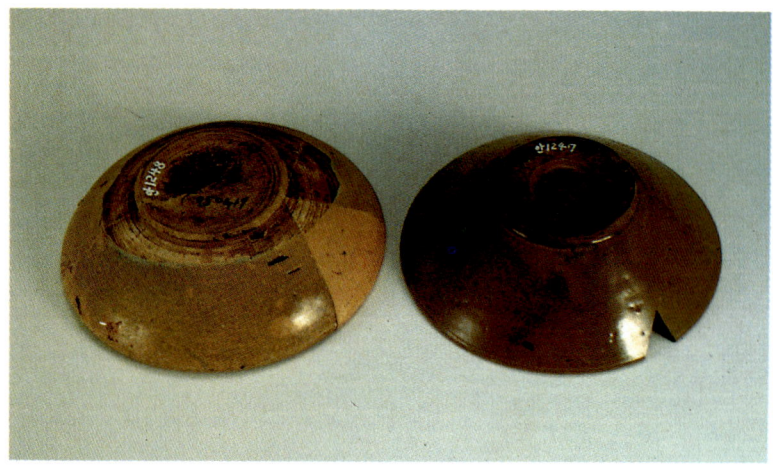

당 백자와 청자 안압지에서는 복원이 가능한 통일신라시대의 토기 1,600여 점을 포함하여 신라 청자완편, 당 백자와 청자완편 등 다량의 자기편들이 출토되었다. 오른쪽 그릇은 월주요(越州窯)에서 만들어진 9세기 전반의 청자완이다. 높이 4.9센티미터, 입지름 16.2센티미터.(위, 아래)

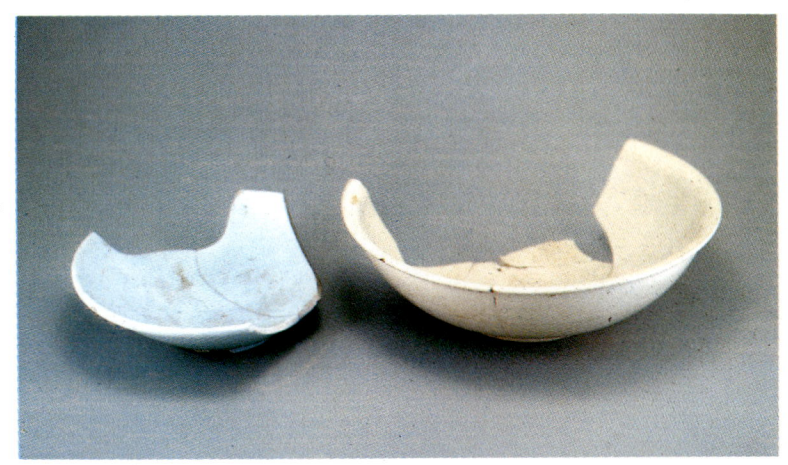

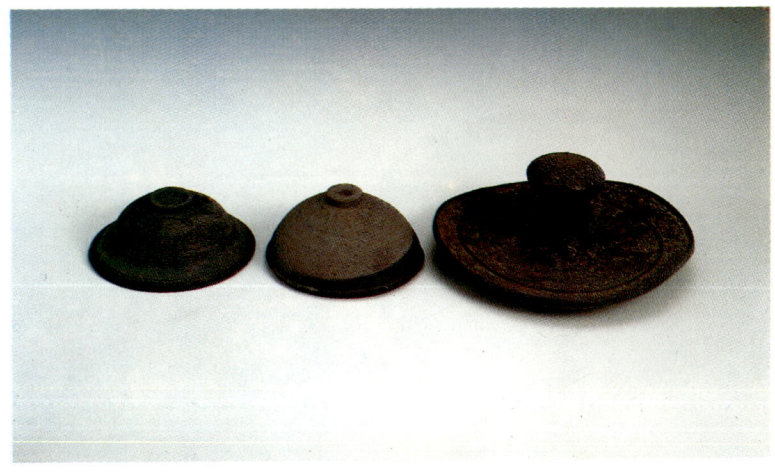

당 백자 얇고 고운 유약이 칠해진 당 백자의 파편도 발견되어 당시에 당으로부터
　발달된 도자기 모본의 유입이 있었음을 알 수 있다.(위)
토제 뚜껑 여러 가지 토기의 뚜껑들이다. 오른쪽 높이 9.7센티미터, 지름 23센티미
　터.

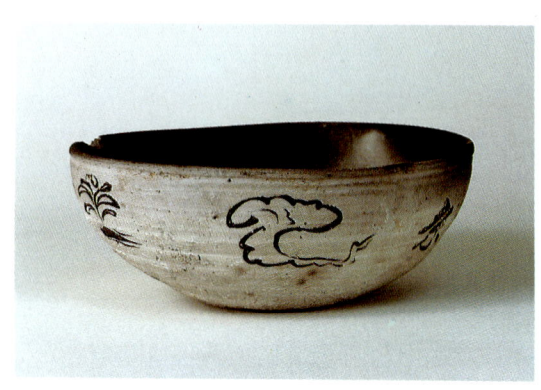

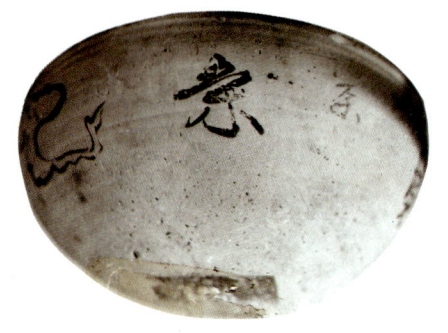

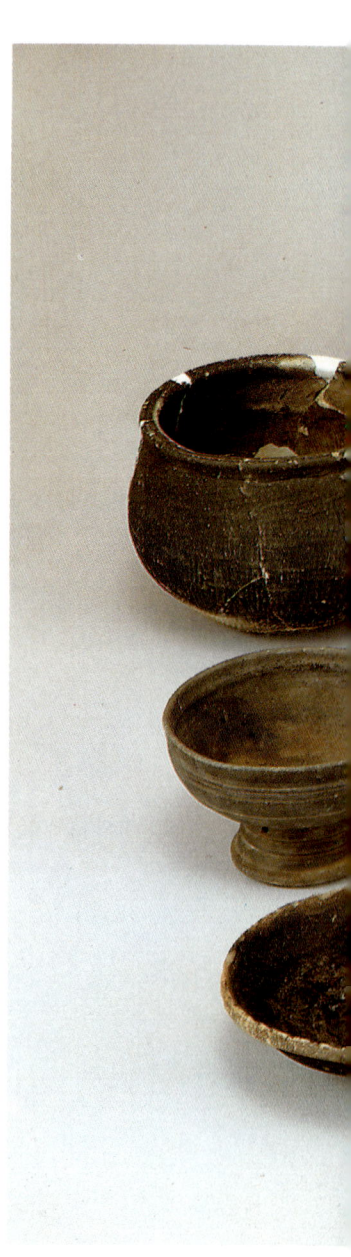

묵화문 완(盌) 그릇의 형태, 글씨, 그림 등이 조화를 이루고 있으
며 글자 가운데 '다(茶)'자가 있어 당시의 차그릇으로 추정된
다. 높이 6.5센티미터, 입지름 16.4센티미터.(왼쪽)
단청용 그릇 건물에 단청을 할 때 안료를 담아 쓰던 토기들로
그릇의 안팎에 안료가 묻은 흔적이 있다.(오른쪽)

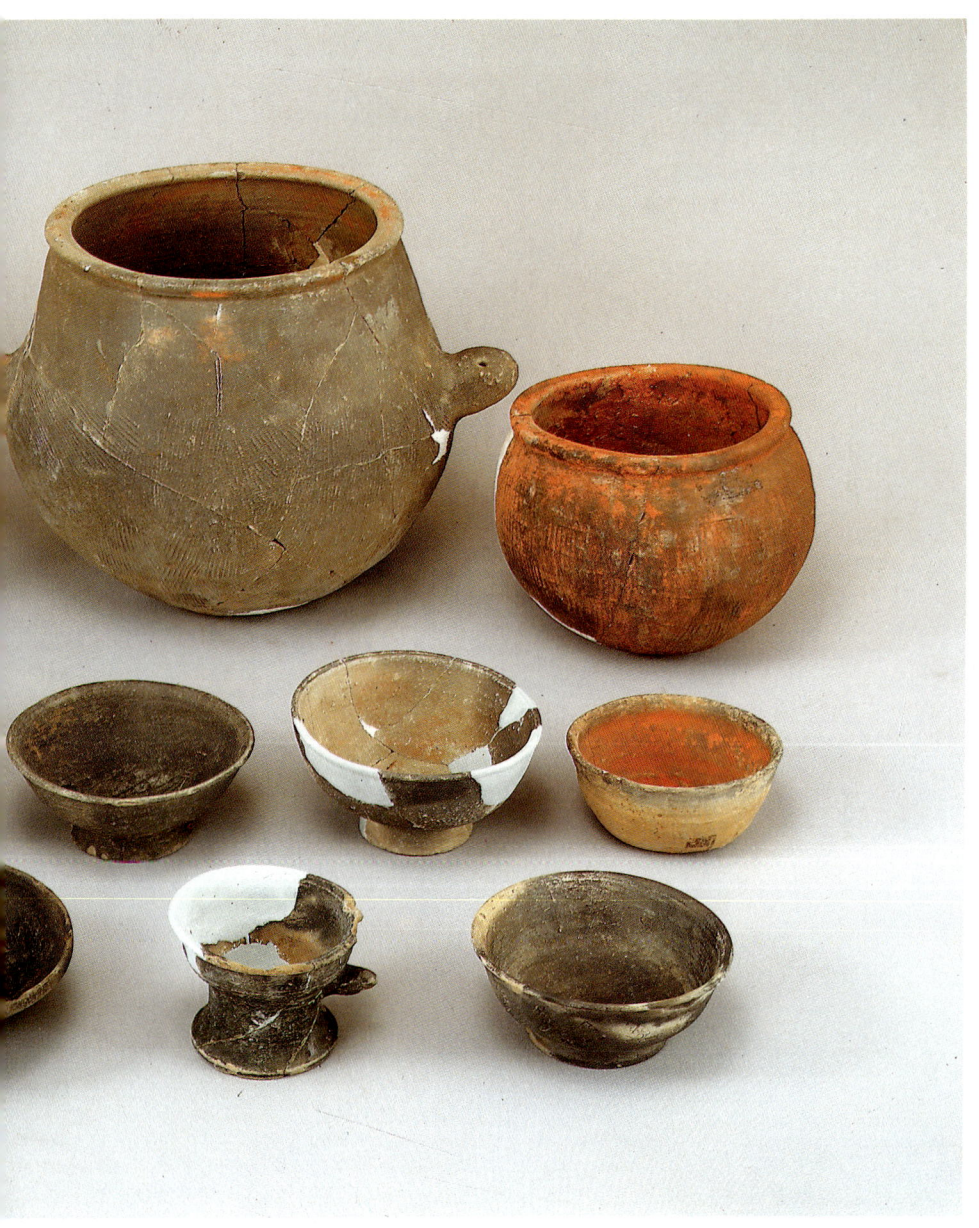

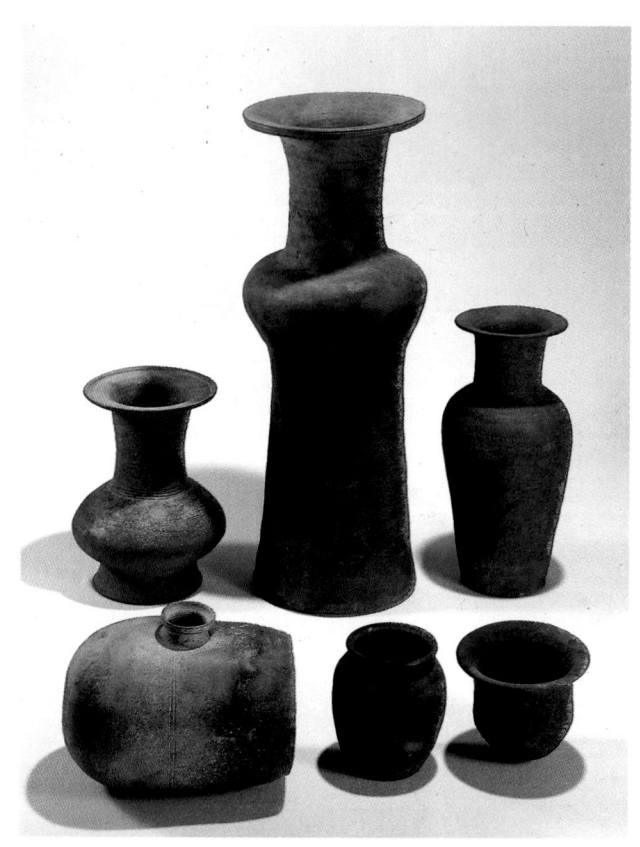

여러 가지 토기 통일신라시대의 토기는 고신라와 비교하면 그릇의 형태, 문양, 토기의
질에서 매우 다르다. 매병형(높이 87.7센티미터), 장군형 등 여러 가지가 있다.

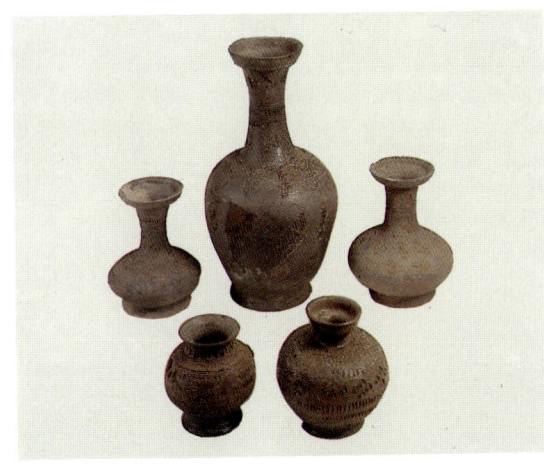

인화문 토기　여러 가지 무늬가 새겨진 도장을 이용하여 그릇의 표면에 무늬를 새긴 토기이다.(위)

글씨가 새겨진 토기　접시나 완의 바닥 등에 먹으로 글씨를 쓰거나 음각 또는 도장 등으로 찍었다. 신심용왕명 토기 접시의 높이 4.1센티미터, 입지름 19.4 센티미터.(가운데)

완　사람의 형태와 얼굴이 새겨져 있다.(아래)

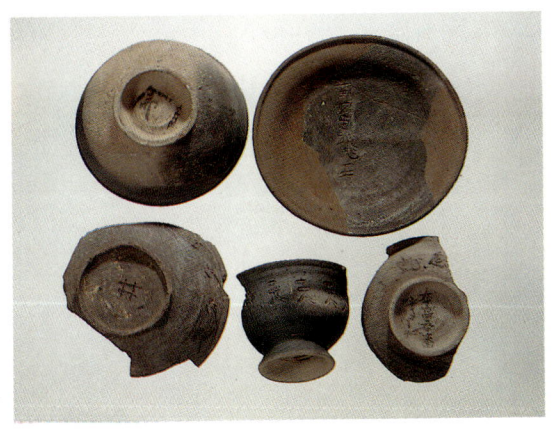

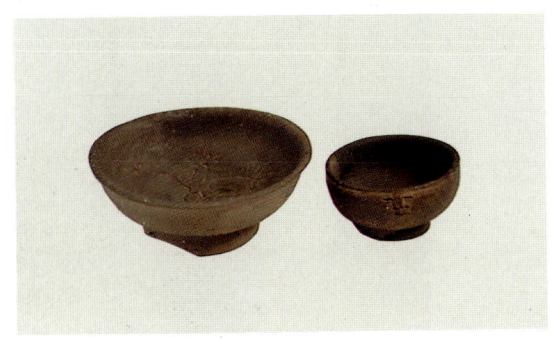

풍로 화구(火口)와 연통을 갖추었으며 위쪽에는 다른 그릇을 걸어 끓일 수 있도록 크고 작은 2개의 둥근 구멍이 뚫려 있다. 높이 19.5센티미터, 바닥 지름 30.2센티미터.(위)

십구팔옹명 대옹 이 그릇은 수습된 파편들을 붙여 복원하였으며, 그릇의 형태로 보아 술 등의 액체류를 담았던 것으로 추측된다.(아래)

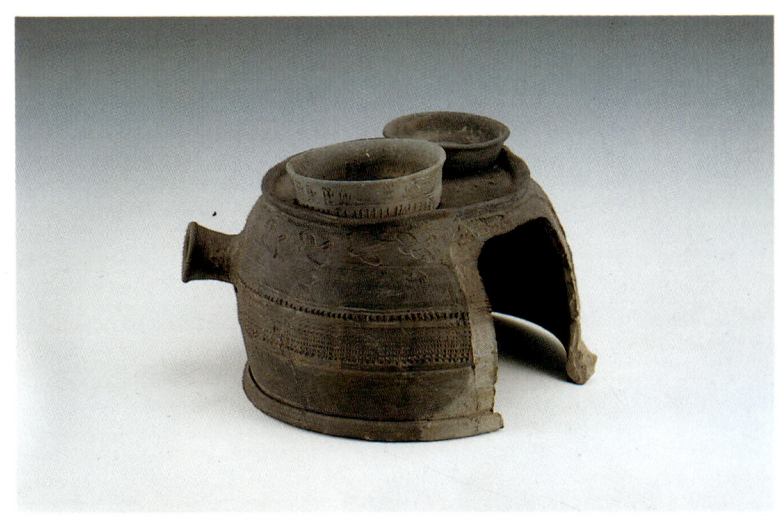

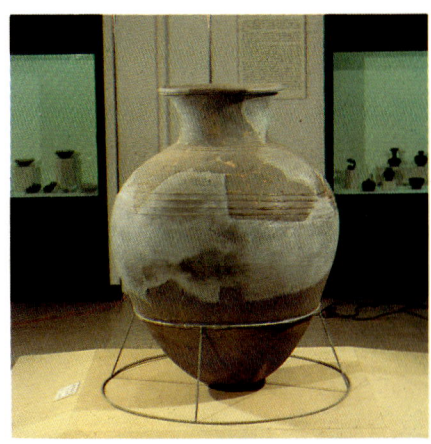

시루 그릇의 바깥 면에 양쪽 손잡이가 달렸고 입 부분이 넓어진 이 그릇은 바닥에
구멍이 뚫려 있어서 음식이나 곡식 등을 찌던 그릇임을 알 수 있다. 높이 32.8센티미
터, 입지름 39.4센티미터.

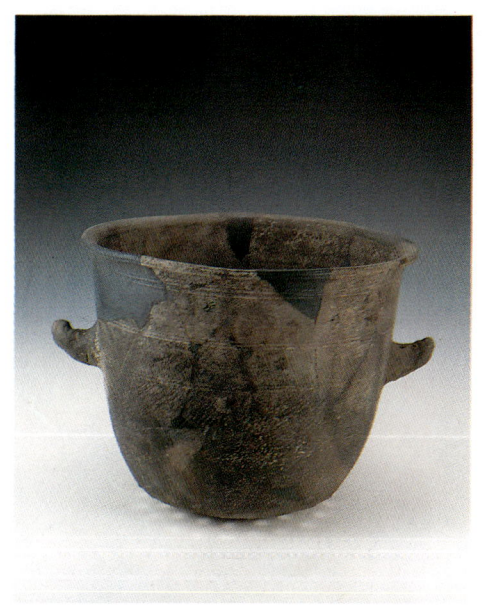

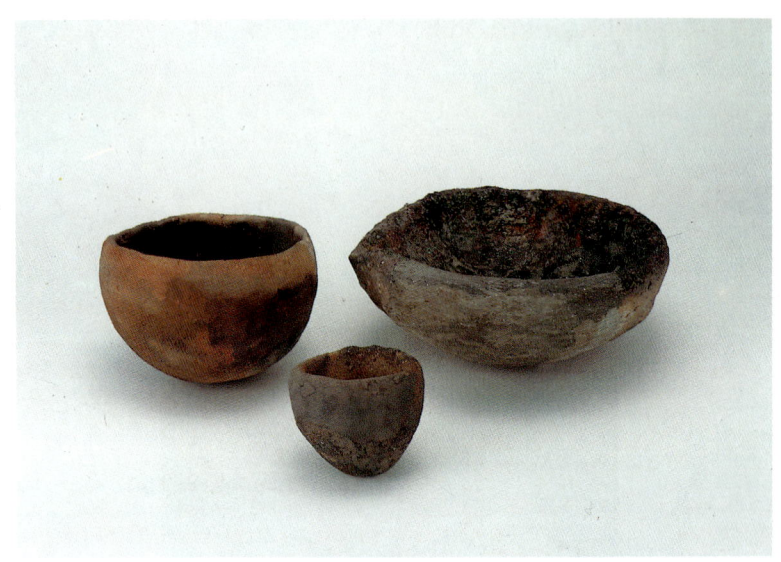

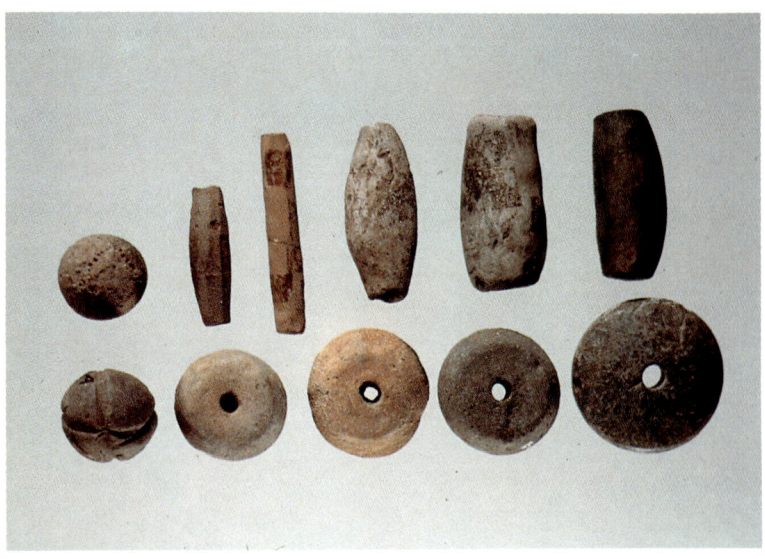

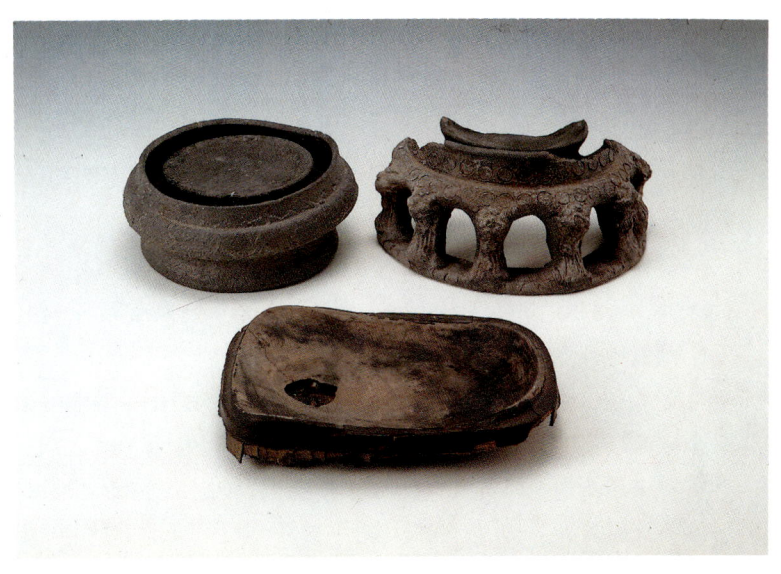

도가니 금속, 유리 등을 녹여 물건을 만드는 데 쓰이는 용기로, 높은 온도에서 견디
   낼 수 있도록 거친 태토를 사용하여 구웠다. 오른쪽 그릇 높이 8.4센티미터, 입지름
   18센티미터.(왼쪽 위)
그물추, 가락바퀴 안압지의 갯벌층에서는 낚시나 실을 짜는 데 관련되는 그물추, 가락
   바퀴 등이 여러 점 출토되었다. 오른쪽 위 길이 5.3센티미터.(왼쪽 아래)
벼루 돌벼루, 녹유 벼루, 칠기 벼루, 토제 벼루 등 각종의 벼루가 출토되었다. 왼쪽
   높이 7.6센티미터, 지름 16.7센티미터.(오른쪽)

철제품

고분에서 출토되는 철제품은 주로 칼, 창 등 무기류이다. 이에 비해 이곳에서는 일상생활에 사용하였던 각종 철제 도구들이 출토되었다.

주요 유물로는 농경이나 고기잡이에 사용되는 가래(鍬), 보습 (鋪), 쇠스랑(鈀), 호미, 낫, 작살(釣鉤) 등의 농어구(農漁具)와 당시 일상 생활에서 사용하던 망치, 도끼, 끌, 가위 등의 목공구(木工具), 그리고 투구, 철검, 칼, 창, 화살촉 등의 무구(武具), 등자(鐙子), 행엽(杏葉), 재갈(銜) 등의 마구(馬具) 들이 있다. 이 가운데 농어구와 목공구는 신라시대의 고분에서는 출토 예가 드문 것으로 당시의 생활상을 이해하는 데 중요한 자료가 되고 있다.

107쪽 사진
108쪽 사진

안압지에서 다량의 철제 생활 용구가 출토된 것은 당시 동궁(東宮)에 속해 있던 월지악전(月池嶽典)과 관련되는 듯하다. 월지악전은 안압지의 조경과 그 관리를 담당했던 관청이다.

도끼 나무 자루를 도끼날과 평행이 되게 만든 구멍에 끼워 큰 나무를 찍거나 쪼개는 데 사용한 것과, 도끼 끝에 자루날을 직각으로 끼워 나무를 깎거나 쪼개는 데 사용한 것 두 종류가 있다. 후자와 같은 형태의 도끼는 신라 고분에서 다수 출토되었는데 도끼날 부분이 방형(方形)이며, 이곳에서 출토된 도끼의 날 부분은 사다리꼴이다. 전자의 형태는 신라 고분에서는 출토 예가 드문 것으로 모두 단조품(鍛造品)이다.

103쪽 사진
낫 못 안 갯벌층에서 3점이 출토되었다. 이 중 1점은 나무 자루가 붙어 있었으며, 다른 1점은 왼손잡이가 사용한 낫으로 날(刃)이 반대로 되어 있다. 완만한 곡선의 형태에 낫의 날 부분은 단면 삼각형이다 자루 부분의 끝은 꺾어 접었고, 나무 자루를 고정시키기 위한 못 구멍이 있다 (길이 18.8~30센티미터, 날 부분 최대 폭

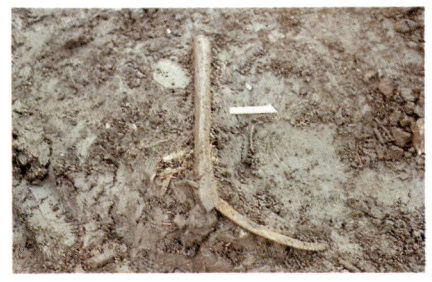
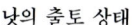

낫의 출토 상태

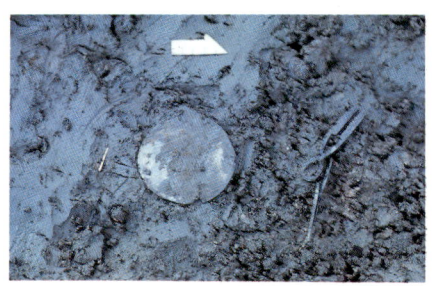

납제 원판과 가위의 출토 상태

2.1~2.6센티미터).

가위　금동제 가위, 철제 가위, 납제 가위 등이 있다. 금동제 가위 105쪽 사진
는 앞에서 설명한 것과 같다. 철제 가위는 3점이 출토되었으며, 길이
12~17센티미터이다. 전체적으로 자루와 몸체를 좌우 대칭되게
만든 8자형의 실용 가위이다.

납제 가위는 90점이나 출토되었으며 그 길이는 7.3~13.3센티미
터에 이른다. 형태는 얇은 납판을 가위의 형태로 오려서 만든 것과
단면이 둥근 납판을 8자형으로 꼬아서 만든 두 가지로 크게 분류된
다. 이들은 재료 자체가 약하여 실제 사용하기에 어려웠던 듯하며,
특히 가위의 형태만 갖춘 것이 더더욱 비실용적인 느낌을 준다.

고대 사회에는 여성의 방직(紡織)과 침선(針線) 노구가 제사 신앙
의 주술품(呪術品)으로 사용된 예가 있는데, 안압지에서 출토한
가위 같은 비실용적인 도구는 그와 같은 의미를 가진 상징적 의기로
제작된 듯하다.

손칼(小刀子)　청동제, 철제, 납제 등 세 종류가 있다. 모두 자루
의 끝을 나무 자루에 박은 전형적인 손칼자루 형태를 이루었다.
수공용(手工用)으로 사용된 것 같으며, 출토된 손칼 가운데 나무
자루가 남아 있는 것이 몇 점 있다. 같은 형태의 나무 칼자루를 가진

철제 손칼이 일본 정창원에 소장되어 있다.

납으로 만든 손칼은 그 형태가 철제 손칼과 같으나 재질이 무르고 제작도 조잡하다. 실용적이 아닌 의기로 제작된 것으로 추정된다. 길이는 철제 손칼이 7.5~18센티미터이며, 납제 손칼은 7~12센티미터이다.

103, 106쪽 사진 **납제 원판**(鉛製圓板) 얇은 납판을 둥근 형태로 오려서 만든 것과, 둥근판의 한면 가운데에 꼭지를 부착시킨 것의 두 가지로 구별된다. 크기는 그 직경이 4.7~12.6센티미터로 다양하며, 91점이나 출토되었다. 모양이 거울과 흡사하고, 납제 가위, 납제 칼 등과 함께 같은 장소에서 출토되었는데 재질 등으로 보아 실용이 아닌 당시 민속 신앙과 관련된 의기로 사용한 것 같다.

109쪽 사진 **열쇠와 자물쇠** 열쇠는 그 형태가 요즈음 사용하는 반닫이의 열쇠와 비슷하다. 자물쇠는 'ㄷ자형'으로 되어 있다. 출토된 자물쇠 가운데 몸통에 "思正堂北日" "合零闡鎰" "東宮衙鎰"의 명문이 음각된 것이 3점 있다. 이 가운데 '사정당북일'이라고 새겨진 자물쇠는 당시 동궁의 부속 건물로 사정당이 있었다는 것과, 이것이 그 북문의 자물쇠였다는 것을 알 수 있게 하였다. 또한 동궁관(東宮官) 소속 관청인 동궁아에서 사용된 것으로 추정되는 '동궁아일'이라고 새겨진 자물쇠는 안압지의 통일신라시대 당시의 이름을 밝히는데 주요한 자료가 된다.

107쪽 위 사진 **투구** 못 동쪽의 갯벌층에서 쇠비늘(小札) 126편과 함께 출토되었다. 투구의 맨 위에 반구의 덮개가 부착되어 있으며, 그 아래는 2장의 오목한 철판을 맞붙여 만들었다. 투구의 아래 가장자리에 상하 2단으로 일정하게 못 구멍이 뚫려 있다. 함께 출토된 쇠비늘을 이 못 구멍에 부착하여 목과 어깨를 가린 것으로 추정된다. 통일신라시대(7세기) 투구로는 유일한 자료이다.

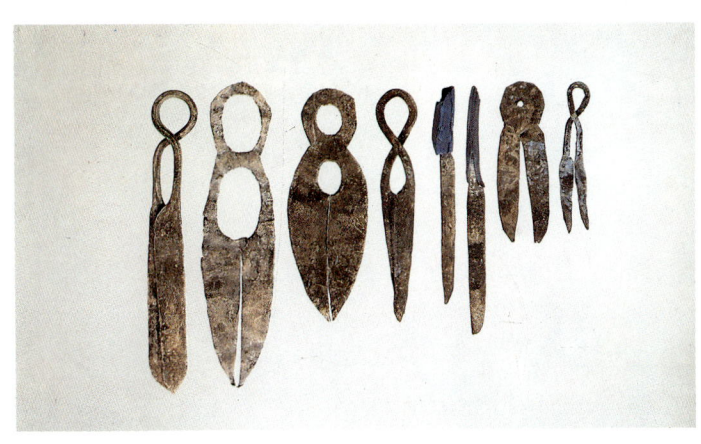

납제 가위와 칼 고대 사회에는 여성의 방직과 침선 도구가 제사 신앙의 주술품으로
사용된 예가 있는데, 안압지에서 출토한 가위 같은 비실용적인 도구는 그와 같은
의미를 가진 상징적 의기로 제작된 듯하다. 오른쪽 가위 길이 7.3센티미터.

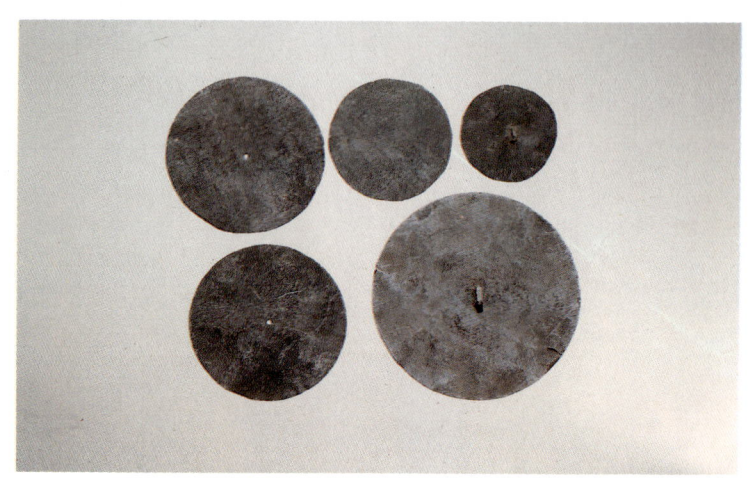

납제 원판 모양이 거울과 흡사하고 납제 가위, 납제 칼 등과 함께 같은 장소에서 출토
되었는데 재질 등으로 보아 실용이 아닌 당시 민속 신앙과 관련된 의기로 사용한
것 같다. 오른쪽 아래 원판 지름 12.9센티미터.

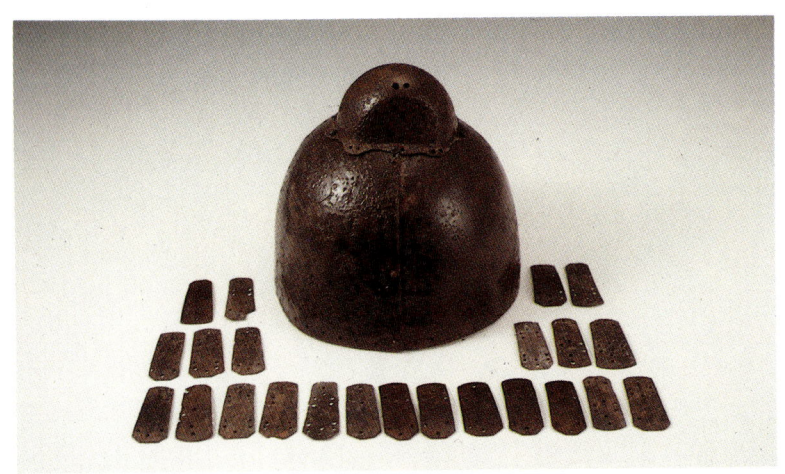

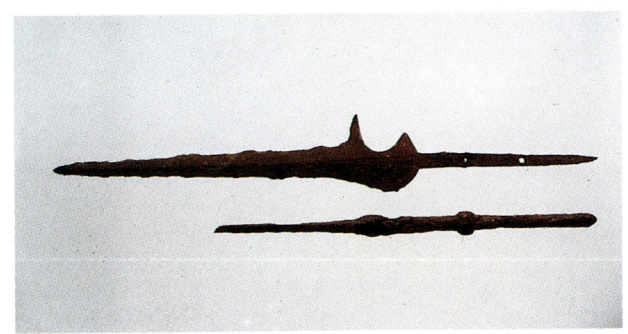

투구와 쇠비늘 투구의 맨 위에 덮개가 있으며 그 아래는 2장의 오목한 철판을 맞붙여
만들었다. 투구의 아래 가장자리에 상하 2단으로 일정하게 못 구멍이 뚫려 있다. 함께
출토된 쇠비늘을 이 못 구멍에 부착하여 목과 어깨를 가린 것으로 추정된다. 통일신
라시대 투구로는 유일한 자료이다. 투구 높이 20.5센티미터, 바닥 지름 22.3센티미
터.(위)
철제 칼과 창 위 길이 60.5센티미터.(아래)

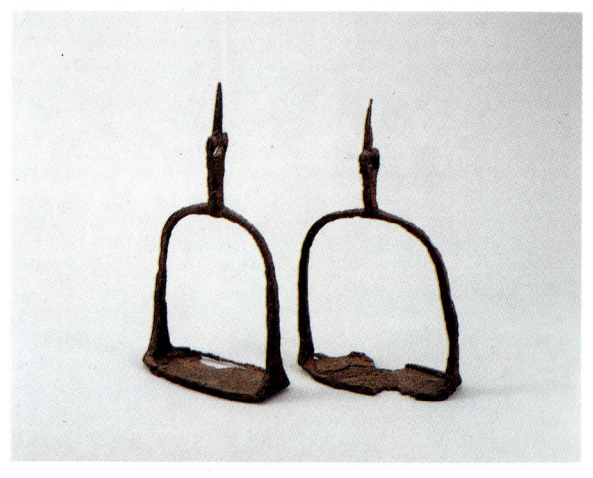

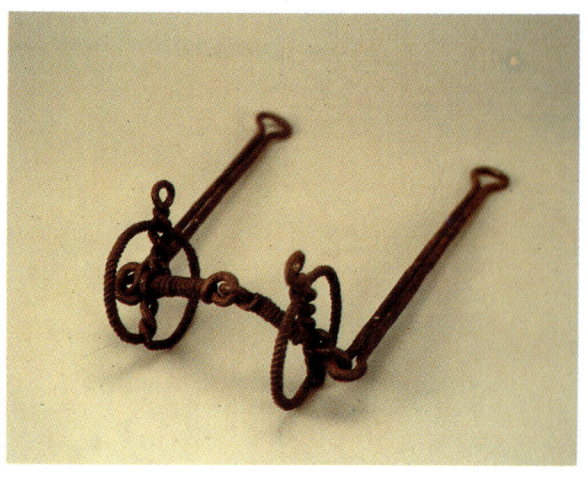

마구(馬具)　왼쪽 위는 말을 탈 때 발을 딛고 올라가는 등자(오른쪽 가로 16.2센티미터, 세로 31센티미터)이고, 아래는 말을 멈추기 위하여 입에 가로 물리는 재갈, 재갈멈치, 고삐 이음쇠(길이 34센티미터)이다.(왼쪽 위, 아래)

철제 열쇠와 자물쇠　열쇠는 그 형태가 요즈음 사용하는 반닫이의 열쇠와 비슷하고 자물쇠는 ㄷ자형으로 되어 있다. 장방형의 자물쇠통 앞면에 「合零闔鎰」명문이 세로로 침각되어 있다. 가로 33.8센티미터.(오른쪽)

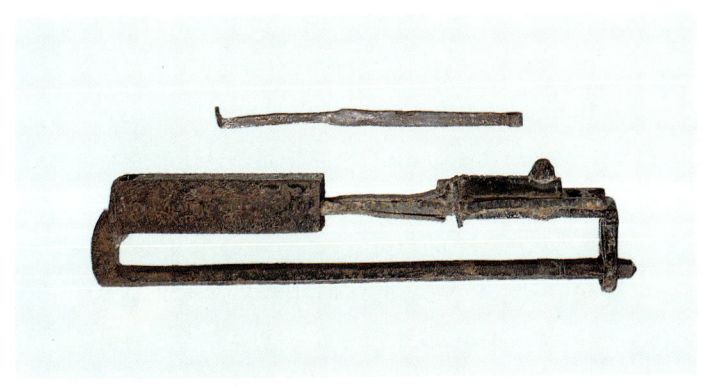

와전류(瓦塼類)

출토 유물의 대부분을 차지하고 있다. 파편을 포함하여 24,000여 점이나 된다. 이 가운데 50여 점을 제외하고는 모두 삼국 통일 직후부터 통일신라가 멸망할 때까지 260여 년 사이에 제작되어 사용된 것이다. 따라서 통일신라 와전의 집합체라고 할 수 있다.

용도별로 보면 지붕 위에 얹는 수막새, 암막새, 수키와, 암키와, 특수 기와, 장식 기와 등 개와(蓋瓦)류가 17종, 바닥에 깔거나 벽이나 불단(佛壇) 등에 장식되었던 전(塼) 등이 3종이다.

문양별로 분류하면 암키와 84종, 수키와 2종, 암막새 106종, 수막새 296종, 귀면와 41종, 특수 기와 14종, 전 53종이다. 이 가운데 수막새의 문양이 296종이나 되는 것은 동궁(東宮)이 679년에 창건된 이래 신라가 멸망한 935년까지 건물의 보수가 자주 행해졌음을 말해 준다.

신라에 기와 제작 기술이 언제부터 들어왔는지는 정확히 알 수 없으나 528년에 불교가 공인되고 곧 이어 흥륜사(544년에 창건), 황룡사 등의 큰 사찰이 건립되는 6세기 중반부터 본격적으로 기와를 제작했던 것으로 생각된다.

신라는 이 때를 전후해서 이미 중국의 남북조(南北朝), 수(隋), 당(唐)으로부터 기와 제작 기술을 받아들여 각기 독자적인 제작 기술과 양식을 갖고 있던 고구려, 백제의 영향을 받아 두 계통의 복합 과정을 거쳐 6세기 후반경에는 신라 특유의 기와 모양을 개발하고, 동궁 창건 당시에는 독자적인 와당 문양을 형성하여 이것이 통일신라 와당의 주류 양식으로 이어지게 된다.

따라서 안압지에서 출토된 많은 종류의 와전은 통일신라시대 와전의 편년과 연구에 한 전기를 마련해 주고 있다.

117쪽 사진　　**수막새**(圓瓦當)　처마 끝에 덮는 수키와에 와당(瓦當)이 달린

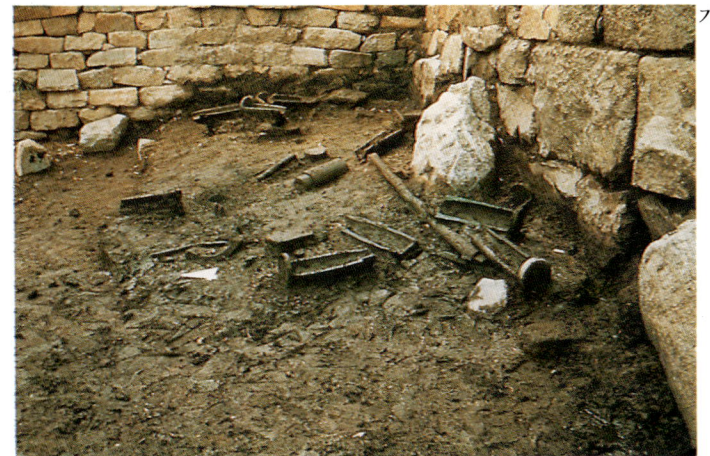

기와를 말한다. 와당의 무늬가 주로 연화문이다. 삼국시대의 단순하고 소박한 단판연화문 양식을 이어 발전시킨 세판(細瓣), 복판(複瓣), 중판(重瓣) 등 여러 양식이 있다.

이 가운데 중판 양식은 연꽃잎의 장식성을 극대화시킨 통일신라시대에 가장 성행한 독자적인 와당형이라고 할 수 있는데 안압지출토 수막새의 대부분이 이 양식에 속하고 있다. 그리고 이 양식을 이용하여 보상화문과 연화문을 안팎으로 시문(施文)하여 그 화려함을 더한 수막새도 다수 출토되었다.

연화문 외에 사용된 무늬로는 보상화문, 보상화당초문, 서조문(瑞鳥文), 사자문(獅子文), 가릉빈가문(迦陵頻伽文), 기린문(麒麟文) 등이 있다.

출토된 유물 가운데는 와당의 면에 나뭇결 모양이 뚜렷이 보여 목제 와범(瓦笵)을 사용했던 것을 알려 주는 것과, 2점만 출토된 녹유 연화문 수막새 가운데 1점은 와당의 뒤에 일반 와당의 형태와 다른 원통형의 촉이 붙어 있어 어떤 특수 용도로 사용된 것으로 생각된다.

암막새(平瓦當) 통일신라 직후에 제작된 새로운 와당형으로 수막새와 한 조를 이루어 처마 끝을 장식한다.

초기의 양식은 내림새의 상하폭이 암키와의 두께와 거의 동일하여 와당의 턱이 별도로 돌출되지 않은 무악식 평와당(無顎式平瓦當)이고, 이 양식이 점차 내림새의 상하폭이 넓어지면서 턱이 생기는 유악식 평와당으로 바뀌게 된다.

암막새는 시문(施文)되는 면의 좁고 긴 공간성 때문에 덩굴풀을 의장시킨 당초문이 초기부터 주문양을 이루면서 보상화, 인동초, 포도, 국화, 화엽(花葉) 등의 무늬와 결합하게 되고 여기에 벽사(辟邪)와 길상(吉祥)을 위한 금수문(禽獸文) 등이 주무늬로 추가되어 그 화려함을 더해 가는 것이 일반적인 통일신라시대의 암막새의 특징이다.

안압지에서는 초기 양식부터 일반적인 양식이 모두 포함되어 출토되었다. 이 가운데 당초문이 시문된 턱 없는 암막새의 등에 "의봉 4년 개토"(儀鳳四年皆土;의봉은 당나라의 연호이며 679년임)라는 명문이 있어 동궁 창건 당시에 사용되었던 암막새로 추정된다. 당초문 외에 사용된 주무늬로 연화문, 비천문, 용문(龍文), 봉황문(鳳凰文), 기린문(麒麟文), 쌍조문(雙鳥文), 구름무늬(雲文) 등이 있다.

전(塼) 궁궐 안의 인도(人道)나 건물의 바닥에 깔았거나, 장식용으로 부착했던 것들이 있다. 전의 형태에는 장방형, 삼각형, 방형의 세 가지가 있으며, 무늬가 새겨진 것과 없는 것의 두 종류로 구별된다. 주무늬는 쌍록보상화문(雙鹿寶相華文)이며, 이 밖에 연화문과 초화문(草花文)이 있다.

출토된 500여 점의 쌍록보상화문전 가운데 유일하게 전의 한

측면에 조로 2년(680)에 한지벌부에 사는 소사 벼슬인 군약이라는 사람이 3월 3일 만들어 납품한다는 내용으로 추정 판독되는 "調露二年漢只伐部君若小舍…三月三日作康"의 명문이 세로로 음각된 것이 있었다.

명문에 의하여 이 전의 제작 연대가 문무왕 20년(680)이라는 것과, 아울러 문무왕 19년(679)에 동궁을 창건했다는 「삼국사기」의 내용을 확인할 수 있게 되었고, 종래 일인학자(日人學者)들이 이 전의 제작 연대를 8세기로 잘못 판단했던 것을 7세기 말로 수정하게 되었다.

1978년에 다경와요지(多慶瓦窯址)가 발견되었는데(경주군 현곡면 하구 3리) 요지 조사에서 이 전과 같은 형태인 보상화문전과 무악식당초문 암막새가 발견되어 이곳에서 동궁 창건 당시의 와전의 일부를 공급했던 것이 밝혀졌다.

귀면와 잡귀를 쫓는 벽사의 의미를 갖고 있으며, 추녀의 내림마루 끝이나 모서리 끝에 장식되는 것이다. 114쪽 사진

출토된 150여 점이 모두 완숙한 귀면 모양을 보여 주고 있으며 의장도 화려하다. 이 귀면와들을 무서운 형태로 표현하려고 뿔과 송곳니 등을 강조했으나 일본 귀면와에 비하면 오히려 해학적인 표정을 하고 있다. 이 중 녹색, 황갈색의 유약(釉藥)이 칠해져 있는 것이 40여 점이나 되어 당시 동궁(東宮)의 장엄하고 화려했던 모습을 엿볼 수 있다.

치미(鴟尾) 화재 예방이나 평안을 기원하는 의미를 가진 것으로, 지붕의 용마루 양끝에 장식하는 기와이다. 형태는 고기 꼬리나 새꼬리 같은 형태인데, 우리나라에서는 삼국시대에 나타나 통일신라시대에 성행하였다. 115쪽 사진

10개분의 분량이 출토되었는데 이 중 3점이 복원되었다. 복원된 치미는 그 형태가 호암미술관 소장 '대방광불화엄경변상도(大方廣佛

華嚴經變相圖, 754~755년 제작)'에 보이는 불전(佛殿)의 치미와 같아 이같은 모양의 치미가 8세기 중엽에 성행되었다는 것을 알 수 있다.

명문와편(銘文瓦片) 다수가 출토되었다. 평기와조각 뒷면에 음각이나 양각하거나 판으로 찍었으며, 주칠(朱漆)로 쓰여진 것도 있다. 명문은 "습부(習部)" "정(井)" "의봉 4년 개토(儀鳳四年皆土)" "한지(漢只)" "미(未)" "정○(井桃)" "정○(井柞)" "주(朱)" "칠(七)" 등이다. 이 명문으로 보아 동궁을 지을 때 사용된 기와류가 당시 신라 6부(六部) 가운데 한지벌부와 습비부에서 제작되었다는 것과, 의봉 4년(679)에 큰 토목 공사가 있었음을 알 수 있다.

녹유 귀면와 잡귀를 쫓는 벽사의 의미를 갖고 있으며, 추녀의 내림마루 끝이나 모서리 끝에 장식되는 것이다. 가로 28.5센티미터, 세로 33.7센티미터.

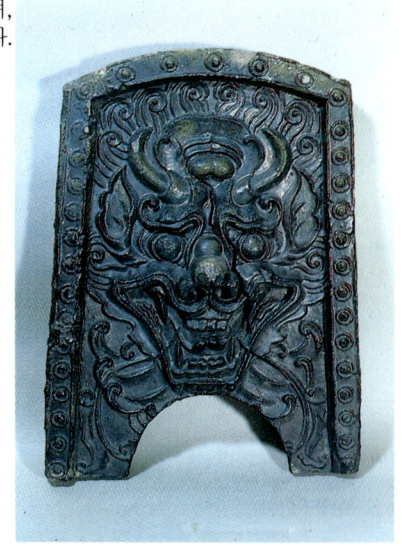

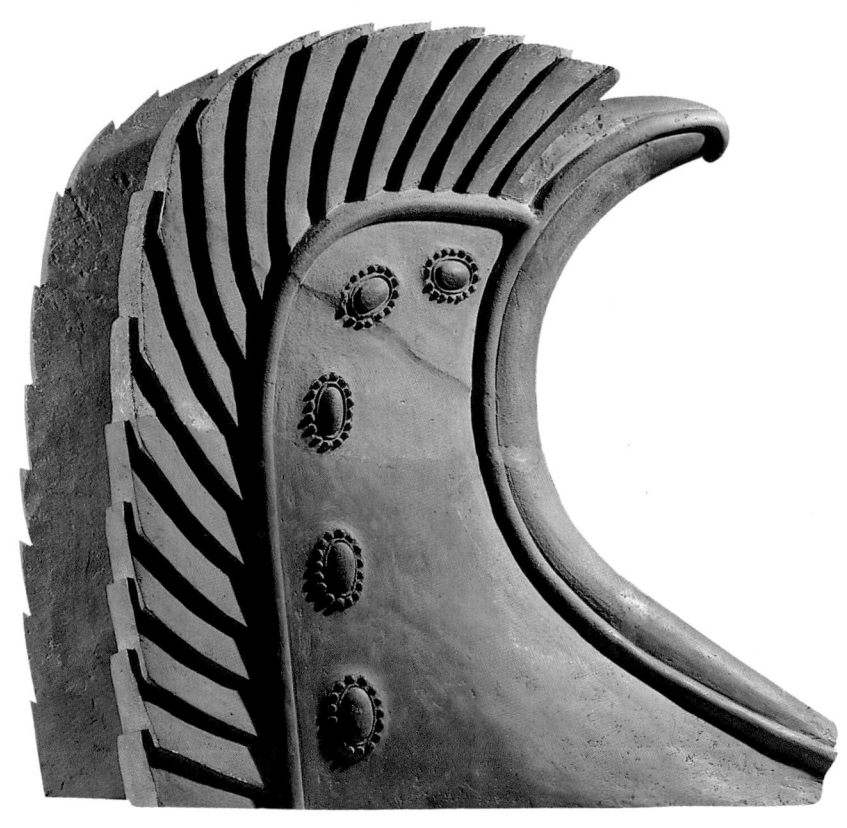

치미 화재 예방이나 평안을 기원하는 의미를 가진 것으로 지붕의 용마루 양끝에 장식하는 기와이다. 안압지에서는 모두 10개분의 분량이 출토되었는데 이 가운데 3점이 복원되었다. 높이 54센티미터.

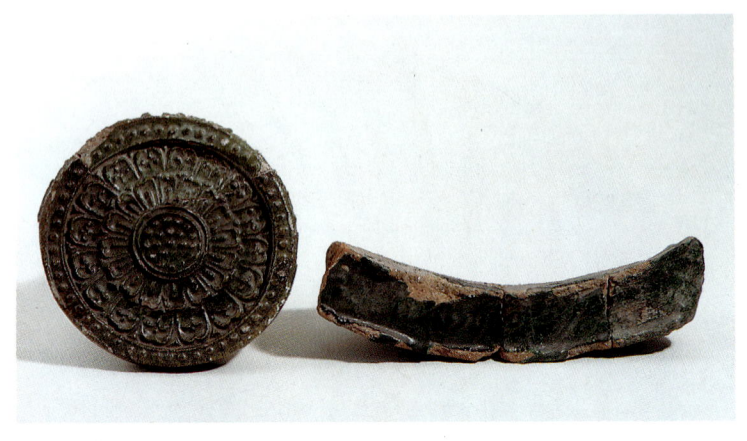

녹유 수막새와 암막새　수막새는 주로 연화문이고 암막새는 덩굴풀을 의장시킨 무늬가
많다. 녹유가 칠해진 고급스런 막새기와이다. 수막새 지름 14.4센티미터.(왼쪽)

각종 수막새　통일신라시대의 와당은 삼국시대의 단순하고 소박한 단판 연화문 양식을
이어 발전시킨 여러 양식이 있다.(오른쪽 위)

모서리기와　지붕의 모서리를 장식했던 것으로 치밀한 당초와 연주문이 표현되었다.
무늬대 폭 5.7센티미터, 대각선 길이 46.5센티미터.(오른쪽 아래)

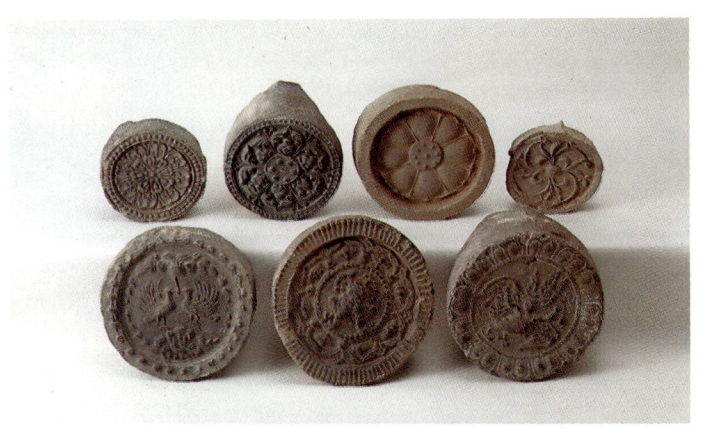

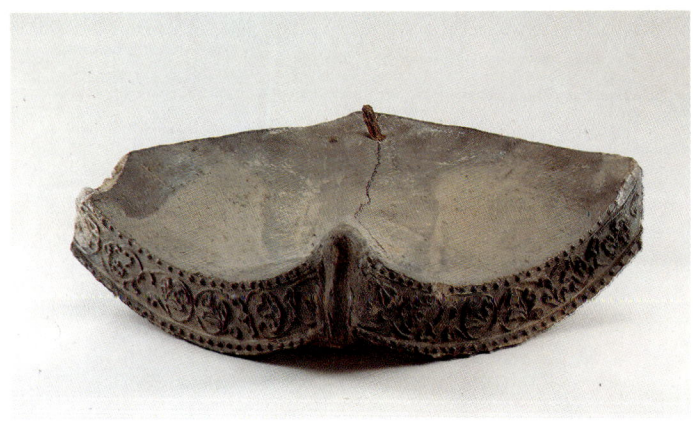

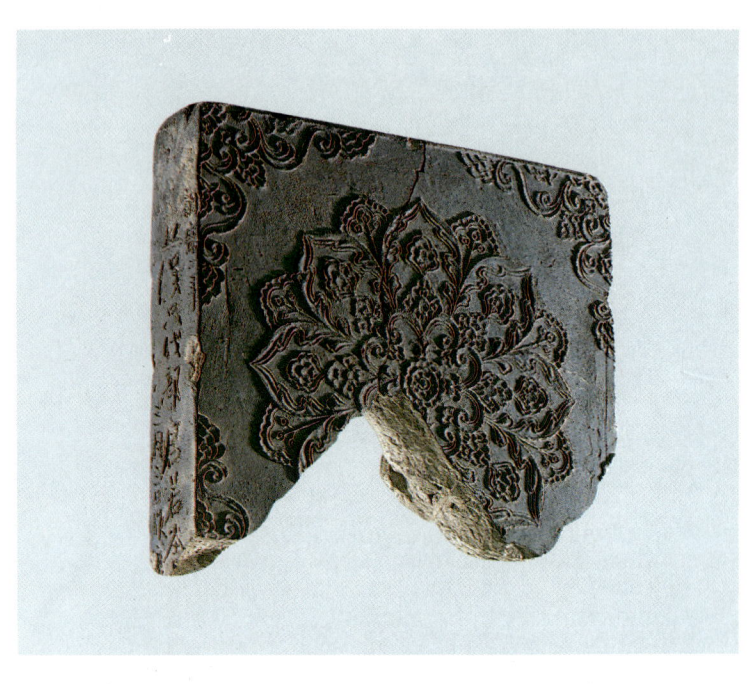

조로 2년명 보상화전 "조로 2년(調露二年)"이라는 명문에 의하여 이 전의 제작 연대가
    문무왕 20년(680)이라는 것과, 문무왕 19년(679)에 동궁을 창건했다는 「삼국사
    기」의 내용을 확인할 수 있게 되었다.(왼쪽)
쌍록보상화문전 건물의 바닥에 깔았거나 장식용으로 부착했던 전으로 윗면에는 보상
    화가, 앞 측면에는 두 마리의 사슴이 넝쿨 사이로 뛰는 모습이 새겨져 있다. 위 전의
    크기 31×33.4×7.1센티미터, 아래 전의 크기 28.7×29.5×7.0센티미터.(오른쪽 위,
    아래)

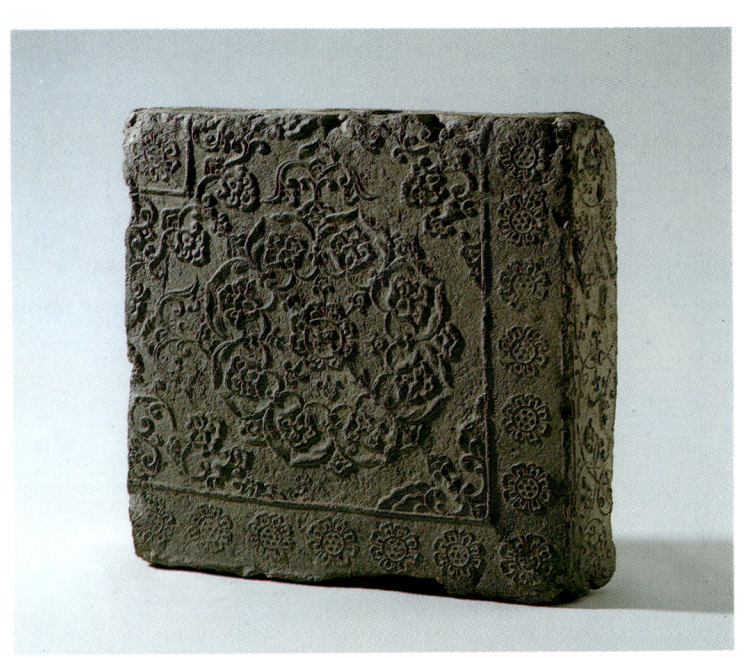

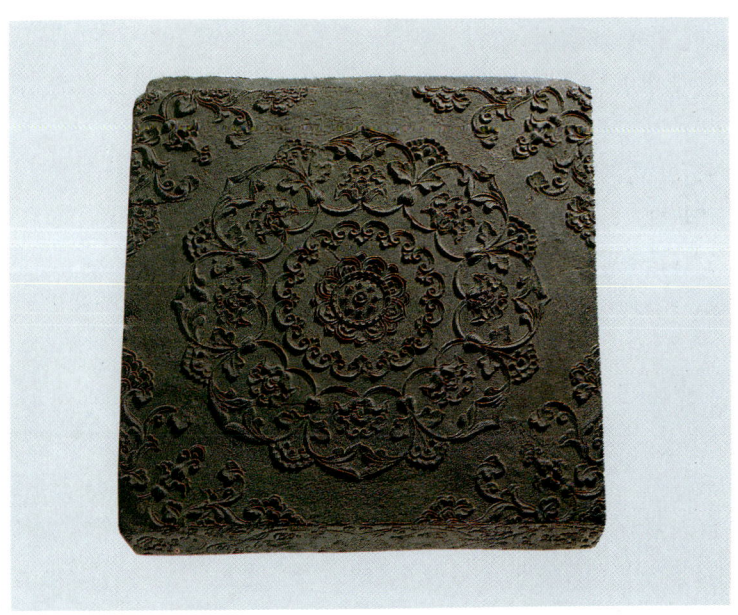

골각제품(骨角製品)

121쪽 위 사진 골제 화조문 장식(骨製花鳥文裝飾) 못의 서쪽 호안석축 바닥 갯벌층에서 다수가 출토되었다. 동물 뼈의 한 면을 잘 갈아 등간격으로 작은 구멍을 2개 뚫고 구멍과 구멍 사이의 면에는 새와 꽃을 번갈아 얇게 음각하였다. 완형은 폭이 1.6~1.8센티미터, 길이가 19.5~23.5센티미터에 이르는데 위쪽은 V자로 파내고 아래는 그 반 121쪽 아래 사진 대로 하였다. 이 골편 중 1점의 구멍에 금동제 화형 못(金銅製花形釘)이 박힌 채 출토되었다. 따라서 이 골편은 병풍이나 불감(佛龕)의 문 등 어떤 물체의 가장자리를 장식하는데 쓰인 것으로 보인다.

63쪽 사진 빗치개 3점 출토되었다. 갈색이며, 뼈를 납작하게 깎아서 잘 갈아 만든 것으로 그 끝이 뾰족하다. 머리를 빗는 빗의 살에 낀 때를 빼내면서, 또 가리마를 단정하게 타는 데도 사용된다. 길이 13.3~15.3센티미터, 최대폭 0.7~1.6센티미터이다.

이 밖에 골각제품으로 골무 1점과 용도를 알 수 없는 소형 원통형 장식이 1점 있다. 원통형 장식은 위와 아래가 뚫려 있으며 그 바깥 면에 "士娘同 瓜胡同 小舍 雙同 主娘同 上女女子同"이라는 명문이 침각되어 있다. 명문은 '남녀가 함께 영원히 참외가 한 넝쿨인 것처럼 둘이 함께 남편과 아내가 영원히 남편과 아내 그리고 자식이 영원히'로 해석된다.

납석제품(蠟石製品)

곱돌로 제작한 것으로 주로 용기류와 장식품이다. 용기로는 대접, 그릇 뚜껑, 작은 단지(有蓋小壺) 등이 있다. 이들의 형태는 그릇의 벽이 두꺼운 점을 제외하고는 금속제 용기와 같다. 이 가운데 그릇 뚜껑의 안쪽에 "숭(崇)" 자가 깊게 음각된 것이 1점 있다.

124쪽 사진

장식품으로는 향로 뚜껑용 사자상, 사자상, 문진(文鎭) 등이 있 122, 123쪽 사진
다. 이들 가운데 향로 뚜껑으로 사용되었던 것으로 보이는 사자상
은 뚜껑 위에 당당한 모습으로 앉았는데 뚜껑 바닥에 코와 입이 서
로 통하도록 구멍을 뚫어 두었다. 이 공간으로 받침대 밑의 향로에
서 나오는 연기가 코와 입으로 통하게 되어 있는 것이다. 7세기 후
반의 작품으로 추정되는 걸작품이다.

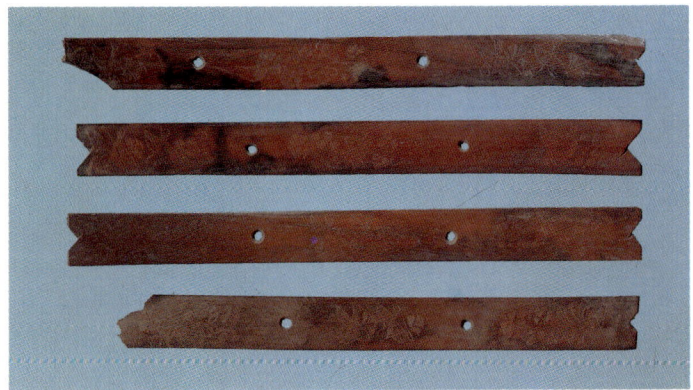

골제 화조문 장식 못의
서쪽 호안석축 바닥
갯벌층에서 다수가
출토되었다. 동물
뼈의 한 면을 잘 갈아
등간격으로 작은 구멍
을 2개 뚫고 구멍과
구멍 사이의 면에는
새와 꽃을 번갈아
얇게 음각하였다.
(위, 아래)

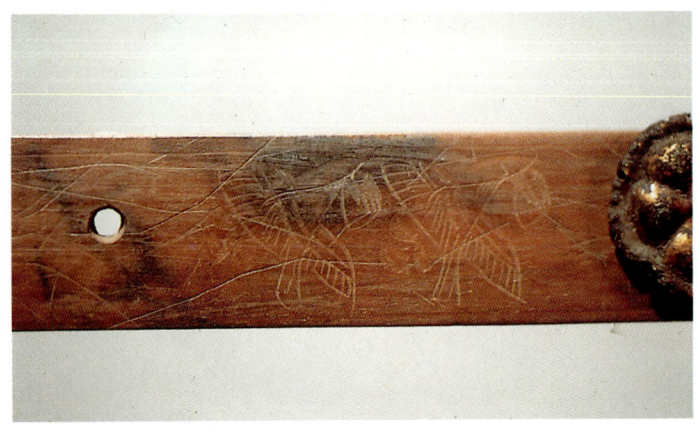

향로 뚜껑용 사자상   뚜껑 위에 당당한 모습으로 앉았는데 뚜껑 바닥에 코와 입이 서로 통하도록 구멍을 뚫어 두었다. 이 공간으로 받침대 밑의 향로에서 나오는 연기가 코와 입으로 통하게 되어 있다. 높이 16.5센티미터.

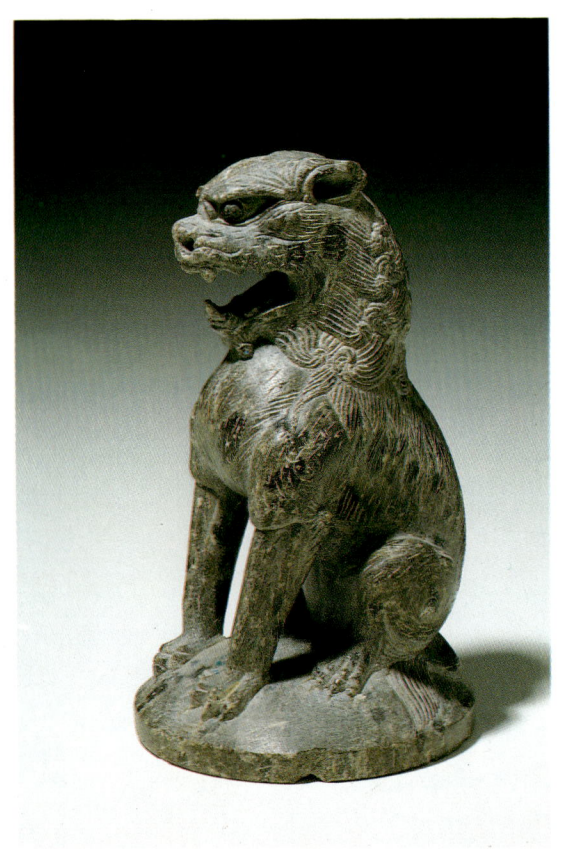

납석제 사자상과 작은 항아리 조금 둔한 형태이지만 섬세하게 그릇의 표면과 사자의
갈기 등을 묘사하였다. 사자상 높이 10.4센티미터.

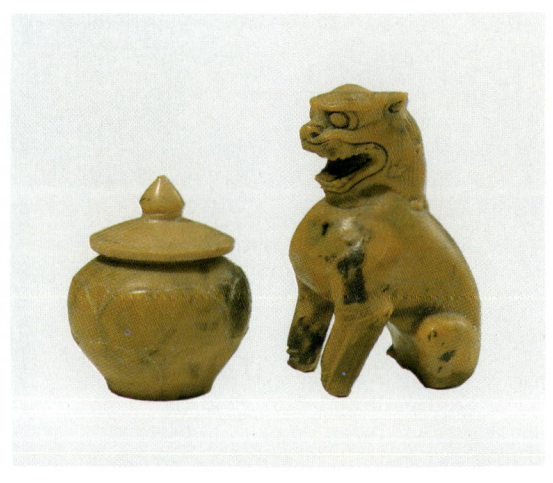

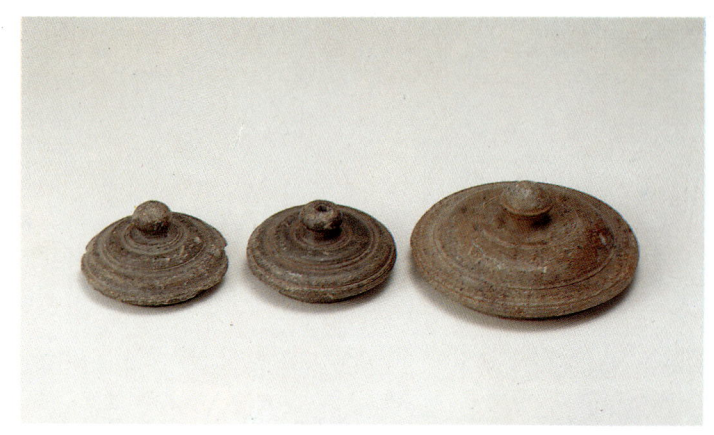

납석제 그릇 뚜껑 곱돌로 제작한 그릇의 뚜껑으로 그릇 뚜껑의 안쪽에 "숭(崇)"자가 깊게 음각된 것이 한 점 있다. 오른쪽 높이 5.1센티미터, 지름 11.4센티미터.(위, 아래)

유리제품

수정류(水晶類) 수천 개에 이르는 수정이 출토되었다. 종류는 자수정(紫水晶), 연수정(煙水晶), 백수정(白水晶)이며, 이 중에 백수정이 제일 많다. 형태는 반구형(半球形), 구형(球形), 타원형, 이형(異形)의 네 가지로 구별되며, 크기도 매우 다양하다(직경 0.8~4센티미터).

이들 수정 장식은 안압지 서쪽 제2, 3건물터 부근에서 다수 출토 126쪽 사진되었는데, 출토 당시에 화불 장식, 보주 장식, 천개 장식 등에 수정이 박혀 있었던 것으로 보아 불상의 광배 장식 등에 사용되었던 것으로 추정된다.

소형 유리제 용기 안압지에서 출토된 유일한 유리제품으로, 다섯 조각의 파편들로 출토되었으나, 현재는 복원되어 그 원형을 알 수 있다. 기벽(器壁)은 얇고 투명하며, 연녹색을 띠었다. 아가리는 넓고 밑으로 내려오면서 폭이 좁아진 형태이다. 바닥에 조그만 둥근 촉이 붙어 있어서 일반적인 잔과는 형태가 다르다. 아마도 불구류(佛具類)로 제작되었던 용기(容器)인 것 같다.

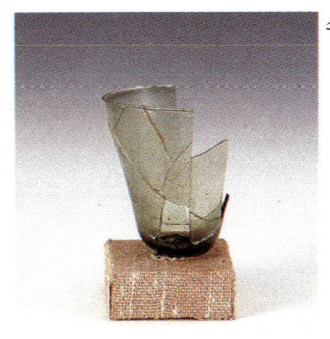

소형 유리제 용기 안압지에서 출토된 유일한 유리제품으로 다섯 조각의 파편들로 출토되었으나 현재는 복원되었다. 높이 7.05센티미터, 입지름 6.7센티미터.

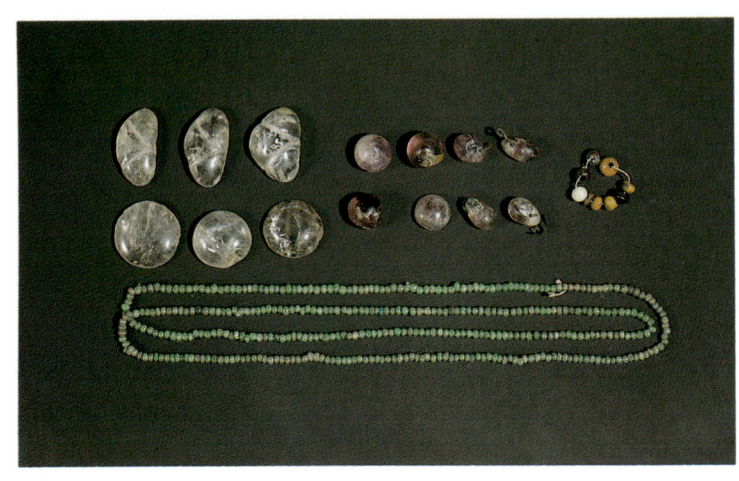

수정, 옥 장식구 안압지 서쪽 제2, 3건물터 부근에서 다수 출토되었는데 출토 당시에
화불 장식, 보주 장식, 천개 장식 등에 수정이 박혀 있었던 것으로 보아 불상의 광배
장식에 사용되었던 것으로 추정된다.

기타(其他)

동물 뼈 다량이 안압지 호안 남서쪽 갯벌 속에서 출토되었다. 종류를 보면 소, 말, 돼지, 개, 노루, 산양, 사슴, 멧돼지 등의 포유류(哺乳類)와 꿩, 오리, 닭, 기러기, 거위 등 조류(鳥類)의 뼈로 나누어 진다.

다량의 동물 뼈 출토로 "신라 문무왕 14년 2월에 궁 안에 못을 파고 산을 만들어 화초를 심고 진기한 새와 짐승을 길렀다"라는 「삼국사기」의 내용을 뒷받침하게 되었다. 아마도 이 연못 안의 3개의 섬에는 진기한 새와 작은 맹금류(猛禽類)를 기르고, 연못 밖에 조성된 동북쪽의 넓은 곳에는 노루나 산양 등의 짐승을 길렀던 것 같다. 이런 동물 뼈들은 당시의 동물상(動物相)과 자연 환경의 연구에 귀중한 자료가 되고 있다.

여러 가지 동물 뼈

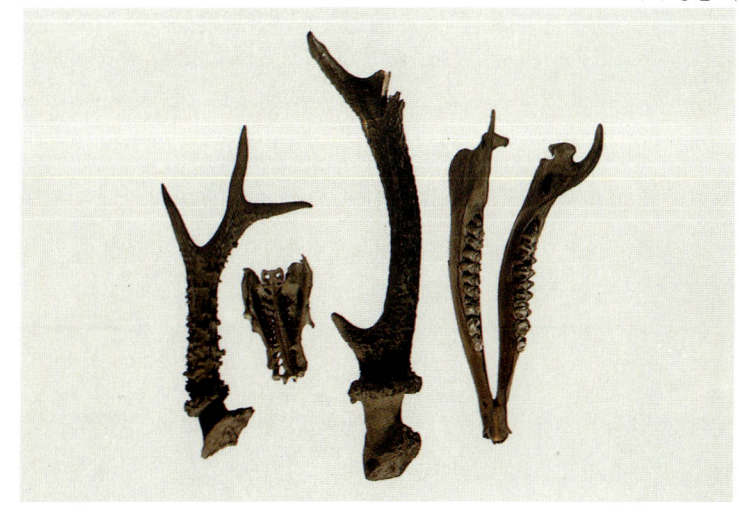

맺음말

　신라시대의 이름이 월지(月池)인 '안압지'는 발굴로 인하여 그 정확한 규모가 확인되었으며, 또한 당시 신라인의 우수한 석축 축조 기술과 좁은 공간을 넓게 자연과 조화시킨 뛰어난 조경 기술은 당시 통일신라시대의 문화 수준과 삼국을 통일한 신라의 저력을 엿보게 하였다.

　임해전터는 안압지 서쪽에 노출된 건물터들로 인하여 임해전에 대한 역사적 사실은 확실히 입증하게 되었으나 애석하게도 위치와 그 규모는 밝힐 수 없었으며, 단지 동궁(東宮)의 정전(正殿)이었을 것이며 이 서쪽 3동의 큰 건물터 중의 하나로 추정될 뿐이다.

　출토된 많은 유물들은 그 수량도 많지만 종류가 다양하여 통일신라 문화를 한눈에 볼 수 있게 되었으며, 당시 중국 당나라와 일본과의 문화 교류도 엿보게 되었다.

　따라서 통일신라시대 최고의 궁원지인 안압지와 그 출토 유물들은 우리 후학들에게 많은 귀중한 자료들이 되었으며, 이들의 연구 결과로 인하여 통일신라문화사가 한층 더 밝혀지게 될 것이다.

참고 문헌

경주시, 「경주시지」, 경주시사 편찬위원회, 1971.

국립중앙박물관, 「안압지 출토 유물 특별전 도록」, 1980.

김부식 저·이병도 역, 「삼국사기」(상하), 을유문화사, 1983.

김정기, 「한국 목조 건축」, 일지사, 1980.

문화재 관리국, 「안압지」, 1978.

이성시 저·김창석 역, 「동아시아의 왕권과 교역」, 청년사, 1999.

진단학회, 「한국사」(고대편), 을유문화사, 1973.

진홍섭, 「한국 미술사 자료 집성」, 일지사, 1987.

고경희, '신라 월지 출토 재명유물에 대한 명문 연구', 동아대대학원, 1994.

김동현, '안압지 발굴에 대하여' 「대한건축학회지」 제20권 72호, 1976. 10.

──── , '통일신라시대의 목조 건축 양식' 「고고미술」 162·163, 1984. 9.

김성구, '안압지 출토 고식 와당의 고찰' 「미술자료」 29호, 1981. 12.

김원룡, '통일신라시대의 토기·삼채' 「고고미술」 162·163호, 한국미술사학
회, 1984. 9.

박경자, '통일신라시대 안압지의 조경 양식에 관한 연구', 서울대환경대학원,
1979.

이기백, '망해전과 임해전' 「고고미술」 129·130호, 한국미술사학회, 1976.

이난영, '통일신라의 동제 기명에 대하여' 「미술자료」 32호, 국립중앙박물관,
1983. 6.

장순용, '신라 왕경의 도식 계획에 관한 연구', 서울대환경대학원, 1976.

정재훈, '신라 궁원지인 안압지에 대하여' 「한국조경학회지」 제3권 제2호,
1975.

진홍섭, '안압지 출토 금동 판불' 「고고미술」 154·155호, 한국미술사학회,
1982.

홍사준, '궁남지와 토기' 「고고미술」 106호, 한국미술사학회, 1975.

나라국립박물관, 「정창원전」 36~39회, 소화 59~62.

중국건축사편찬위원회, 「중국 건축의 역사」, 평범사, 1981.

빛깔있는 책들 102-9

안압지

글	—고경희
사진	—한석홍

발행인	—장세우
발행처	—주식회사 대원사

주간	—박찬중
편집	—김한주, 조은정
미술	—김은하, 최윤정, 한진
전산사식	—김정숙, 육양희, 이규헌

첫판 1쇄	—1989년 12월 26일 발행
첫판 5쇄	—2005년 6월 30일 발행

주식회사 대원사
우편번호/140-901
서울 용산구 후암동 358-17
전화번호/(02) 757-6717~9
팩시밀리/(02) 775-8043
등록번호/제 3-191호
http://www.daewonsa.co.kr

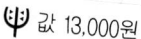 값 13,000원

Daewonsa Publishing Co., Ltd.
Printed in Korea(1989)

ISBN 89-369-0028-5 00540

빛깔있는 책들

민속(분류번호 : 101)

1 짚문화	2 유기	3 소반	4 민속놀이(개정판)	5 전통 매듭
6 전통·자수	7 복식	8 팔도굿	9 제주 성읍 마을	10 조상 제례
11 한국의 배	12 한국의 춤	13 전통 부채	14 우리 옛악기	15 솟대
16 전통 상례	17 농기구	18 옛다리	19 장승과 벅수	106 옹기
111 풀문화	112 한국의 무속	120 탈춤	121 동신당	129 안동 하회 마을
140 풍수지리	149 탈	158 서낭당	159 전통 목가구	165 전통 문양
169 옛 안경과 안경집	187 종이 공예 문화	195 한국의 부엌	201 전통 옷감	209 한국의 화폐
210 한국의 풍어제				

고미술(분류번호 : 102)

20 한옥의 조형	21 꽃담	22 문방사우	23 고인쇄	24 수원 화성
25 한국의 정자	26 벼루	27 조선 기와	28 안압지	29 한국의 옛 조경
30 전각	31 분청사기	32 창덕궁	33 장석과 자물쇠	34 종묘와 사직
35 비원	36 옛책	37 고분	38 서양 고지도와 한국	39 단청
102 창경궁	103 한국의 누	104 조선 백자	107 한국의 궁궐	108 덕수궁
109 한국의 성곽	113 한국의 서원	116 토우	122 옛기와	125 고분 유물
136 석등	147 민화	152 북한산성	164 풍속화(하나)	167 궁중 유물(하나)
168 궁중 유물(둘)	176 전통 과학 건축	177 풍속화(둘)	198 옛 궁궐 그림	200 고려 청자
216 산신도	219 경복궁	222 서원 건축	225 한국의 암각화	226 우리 옛도자기
227 옛 전돌	229 우리 옛 질그릇	232 소쇄원	235 한국의 향교	239 청동기 문화
243 한국의 황제	245 한국의 읍성	248 전통 장신구	250 전통 남자 장신구	

불교 문화(분류번호 : 103)

40 불상	41 사원 건축	42 범종	43 석불	44 옛절터
45 경주 남산(하나)	46 경주 남산(둘)	47 석탑	48 사리구	49 요사채
50 불화	51 괘불	52 신장상	53 보살상	54 사경
55 불교 목공예	56 부도	57 불화 그리기	58 고승 진영	59 미륵불
101 마애불	110 통도사	117 영산재	119 지옥도	123 산사의 하루
124 반가사유상	127 불국사	132 금동불	135 만다라	145 해인사
150 송광사	154 범어사	155 대흥사	156 법주사	157 운주사
171 부석사	178 철불	180 불교 의식구	220 전탑	221 마곡사
230 갑사와 동학사	236 선암사	237 금산사	240 수덕사	241 화엄사
244 다비와 사리	249 선운사	255 한국의 가사		

음식 일반(분류번호 : 201)

60 전통 음식	61 팔도 음식	62 떡과 과자	63 겨울 음식	64 봄가을 음식
65 여름 음식	66 명절 음식	166 궁중음식과 서울음식		207 통과 의례 음식
214 제주도 음식	215 김치	253 장醬		

건강 식품(분류번호:202)

105 민간 요법   181 전통 건강 음료

즐거운 생활(분류번호:203)

67 다도   68 서예   69 도예   70 동양란 가꾸기   71 분재
72 수석   73 칵테일   74 인테리어 디자인   75 낚시   76 봄가을 한복
77 겨울 한복   78 여름 한복   79 집 꾸미기   80 방과 부엌 꾸미기   81 거실 꾸미기
82 색지 공예   83 신비의 우주   84 실내 원예   85 오디오   114 관상학
115 수상학   134 애견 기르기   138 한국 춘란 가꾸기   139 사진 입문   172 현대 무용 감상법
179 오페라 감상법   192 연극 감상법   193 발레 감상법   205 쪽물들이기   211 뮤지컬 감상법
213 풍경 사진 입문   223 서양 고전음악 감상법   251 와인   254 전통주

건강 생활(분류번호:204)

86 요가   87 볼링   88 골프   89 생활 체조   90 5분 체조
91 기공   92 태극권   133 단전 호흡   162 택견   199 태권도
247 씨름

한국의 자연(분류번호:301)

93 집에서 기르는 야생화   94 약이 되는 야생초   95 약용 식물   96 한국의 동굴
97 한국의 텃새   98 한국의 철새   99 한강   100 한국의 곤충   118 고산 식물
126 한국의 호수   128 민물고기   137 야생 동물   141 북한산   142 지리산
143 한라산   144 설악산   151 한국의 토종개   153 강화도   173 속리산
174 울릉도   175 소나무   182 독도   183 오대산   184 한국의 자생란
186 계룡산   188 쉽게 구할 수 있는 염료 식물   189 한국의 외래·귀화 식물
190 백두산   197 화석   202 월출산   203 해양 생물   206 한국의 버섯
208 한국의 약수   212 주왕산   217 홍도와 흑산도   218 한국의 갯벌   224 한국의 나비
233 동강   234 대나무   238 한국의 샘물   246 백두고원

미술 일반(분류번호:401)

130 한국화 감상법   131 서양화 감상법   146 문자도   148 추상화 감상법   160 중국화 감상법
161 행위 예술 감상법 163 민화 그리기   170 설치 미술 감상법   185 판화 감상법
191 근대 수묵 채색화 감상법   194 옛 그림 감상법   196 근대 유화 감상법   204 무대 미술 감상법
228 서예 감상법   231 일본화 감상법   242 사군자 감상법

역사(분류번호:501)

252 신문